ポンコツ4児母ちゃん、在宅で働いたら月収100万円になった！

なごみー

KADOKAWA

はじめに

こんにちは！　なごみーです。

私はもともと消費者金融から100万円の借金をこしらえたほどの浪費家で、結婚前に完済したものの、長男生後3か月で再び貯蓄0円。児童手当はボーナス扱い……（詳しくは前著にて）。

そんなポンコツだった私が、**今では在宅で起業し、月収100万円超え。ひとり社長として法人設立までできてしまいました。**

およそ10年前、慣れない子育てに加えて帰宅の遅い夫との会話もほとんどなく、ワンオペ育児に疲弊していました。そんな時、「大人としゃべりたい」という理由で始めたブログが、今こうして在宅で成功できたきっかけだったと思います。

私の主な発信内容は、片付け×家計管理。

借金を抱えるほどの浪費家から貯蓄1000万円を達成した実践ベースの内容なので、今悩んでいるフォロワーさんたちから毎日のように相談を受けています。

ある時、ひとりのフォロワーさんから「食費に毎月7万円かかっているが、これ以上減らせない」という相談が。

詳しく聞いてみると、食べ盛り、しかも全員体育会系の男の子3人のママ。

姉と私も体育会系で朝からカツカレーをペロリだったので、男の子3人ともなればさらに凄まじいだろうと察知。逆にそれで月7万円はすごい！

その方は毎年保険の見直しも欠かさず、固定費の最適化も終わっていて、**すでに節約し尽くした状態。それでも、〝減らす〟ということに力を注ぎ続けていたのです。**

同じ頃、「収入を増やしたいが何からすればいいですか？」「在宅ワーカーにはどうしたらなれますか？」といった内容のご相談も急増。

子育てと仕事の両立のために**在宅で働きたいというニーズが増えていることや、家計を整え尽くした後の、収入を〝増やす〟段階で行き詰まっている方が多い**ことを感じ、何か力になれないかと思ったのが本書出版のきっかけとなりました。

ここには、「知識もねぇ、お金もねぇ、時間も資格も何にもねぇ！」状態から、在宅ワーカーとして這い上がってきた私の体験談をギュッと詰め込みました。

そんな私だからこそお伝えしたいこと、それは、「今何もないと思っていたって、決意をもって立ち向かえば、誰だって在宅ワーカーとして活躍できる！」

本書が、あなたの理想の未来を叶える最初のきっかけになれば幸いです。

もくじ

CHAPTER 2

過去があるから今がある！在宅ワーク遍歴

CHAPTER 3

失敗から学んだ最短ルート！稼げるインスタの始め方

CHAPTER 4 テクニック丸出し！なごみー流インスタ運用法

CHAPTER 5 リアルな 自分で勝負！ ファン獲得への道

CHAPTER 6 選ばれる人になれ！ いざ、マネタイズへ！

STAFF

デザイン　柴田ユウスケ、吉本穂花、三上隼人(soda design)
撮影　布施鮎美(カバー、p19、39)、なごみー
イラスト　尚味
執筆協力・編集　町田薫
校正　文字工房燦光
編集　石坂綾乃(KADOKAWA)

※本書に掲載されている情報は2024年5月現在の情報です。また、掲載されている商品およびサービスは、現在は仕様を変更している、または取り扱いがない場合もあります。
※本書で紹介しているウェブサイト・アプリ等の利用の際は、必ず各ガイドをご確認ください。

PROLOGUE

ポンコツ母ちゃん、在宅で稼ぐこそ最強の手！

A SLOPPY MOTHER WHO EARNED
1 MILLION YEN A MONTH
BY WORKING FROM HOME

幼稚園代が払えない!?
時間に追われ家庭崩壊の危機に瀕した
ヤクルトレディ時代

我が家は現在、小学生の長男と次男、幼稚園児の長女、保育園児の三男、夫と私の6人家族です。

独身時代の借金は、結婚前に完済はしたものの、その後も夫婦の貯蓄はゼロ。

結婚した翌年に長男を出産。さらに翌年には次男も生まれたのに、貯蓄は一向に増えません。

このままでは長男の幼稚園代が払えない！という問題が勃発し、「私が稼がねば」と、その翌年にヤクルトレディの仕事を始めました。

当時は、朝起きて、洗濯物を干して、朝ごはんとお弁当を作って、子どもたちを起こし、急いで支度をしたら2人を連れて家を出る、という毎日。

車で10分ほどの託児所を併設する事務所に8時半に出勤し、そこから品出しなどの準備をして9時から配達。

14時には事務所に戻り、次の日の準備やその日の売り上げを集計し終えたら、15時に閉まる託児所にダッシュでお迎え。

一瞬たりとも気が抜けず、帰宅した時は本当にヘトヘトで、疲れて何もできませんでした。

今のように作り置きという概念もなく、食事のたびにごはんを作る効率の悪い暮らしで、ただただ時間に追われっぱなし。

常にイライラしながら「早くしてー」と叫ぶダメな母親の典型で、子どもたちにも申し訳ないと反省の日々でした(泣)。

子どもたちが小学生になったらフルで働きたいと思っていたのに、**「15時帰りでヘロヘロなのに、17時までなんて絶対無理～」と絶望していました。**

「私は時間に追われるのが死ぬほど嫌いなんだ」と自覚したのもこの頃です。

ヤクルトレディの仕事自体は楽しかったのですが、その間に長女の妊娠が判明。託児所には1歳から預けられるので復帰も考えましたが、子ども2人でこの有様。復帰してもうまく回らないのは目に見えていました。

それに、**当時は私が土日休み、夫は平日休みだったこともあり、顔を合わせる機会は皆無。この時、すでに家庭崩壊の危機**にも瀕していたんです。

余裕がないのは精神や時間だけでなく、常にお金もナッシング。

誰にも相談できないワンオペ状態で、身も心もいっぱいいっぱいでした。

転換期

すべての問題を解決してくれる！最強の一手は在宅ワークにあり！

そんな時です。「私が在宅で仕事すればいいのでは？」と思いついたのは。

そもそも、「誰かに雇われる」ことにも苦痛を感じていたので、「在宅ワーク」という魅力的な働き方はめちゃくちゃいいアイデア！

家で仕事をすれば自分でスケジュールを調整できるし、自分の采配と自分の都合で動けます。

子どもたちの行事や参観日に出席するたびに、シフトの休み調整を提出する面倒も気まずさもなし。

それに、午前中に保護者参観へ行って、午後から働くことだってできます。何なら行く直前の30分や、朝、子どもたちが起きてくるまでの間にも仕事ができちゃう。

必要なことは隙間時間で補えるし、疲れたら自分の都合で休むこともＯＫ。始めない手はありません。

在宅で仕事がしたい、と思い始めたもうひとつのきっかけは、**子どもたちに「おかえり」と言いたかったから。**

私は両親が共働きの家庭で育ち、母は私より遅く帰宅することが多かったため、いつも「おかえり」と言ってくれたのは近所の幼馴染のお母さんでした。

子ども心に自分が帰宅した時に出迎えてもらえる嬉しさを感じていたこともあって、「結婚して子どもが生まれたら、『おかえり』と言える環境にしたい」という気持ちは強かったのだと思います。

ヤクルトレディの時には子どもたちと一緒に帰ってこられましたが、他のパート仕事はだいたいがシフト制。さらに主婦が多い職場は、「この時間に働きたい」という時間帯も重なり争奪戦に。

「在宅ワークで働きたい」は、「時間に追われたくない」「誰かに雇われたくない」という自分の希望と、「でも、働かなきゃお金がない」という現状を、一気に解決してくれる最適解に思えました。

そうして最初は漠然としていた「在宅ワークで稼ぐ」ことが、いつしか私の明確な目標になったのです。

充実期

時間、お金、心の余裕を家族に還元できる在宅ワーカーのすすめ

そんな思いつきから始まった在宅ワークですが、今やインスタグラムで16万人以上のフォロワーさんとつながり、まさかの月収100万円を達成することもできるようになりました。

私は35歳の時、「3年後の自分がどうなりたいか」という目標を書き出していました。これは、ブログで成功した人が、「3年後、自分がどうなっていたいかをメモに書いて、見えるところに置いておくとその通りになるよ」と言っていたのを聞いて素直に真似したことです。

その時に書いた目標は、「年収1000万円プレーヤーになる」「書籍の出版」「貯蓄1000万円を達成」「ひとり社長になる」でした。

結果から言えば、3年後の38歳の時に、すべて実現しました。

それもすべて在宅ワークを始めたおかげだと思っています。

ここまでくるのに本当にいろいろなやらかしや迷走もあり、ずいぶんと回り道もしてきました（笑）。それでも、今はこの仕事にも慣れて、気持ちの余裕もでき、いろいろなことに寛容になれた気がします。

中でも、**忙しすぎて用件だけのやり取りになりがちだった子どもたちとの会話の時間がとれるようになったのは、何よりの収穫**です。

特に小学5年生になった長男はおしゃべりが大好きなこともあり、親子でディスカッションできるのが楽しくて。

我が家では、部屋の片付けやものの要・不要を子どもたち自身にやらせていますが、時間がないと取捨選択させることもできないし、こちらもそれを待っていられません。

かといって私の独断や決めつけを押し付ければ、子どもたちの考える力を奪ってしまいます。

子どもたちの考える力を育てようと思っても、大人に余裕がないと無理なんです。少なくとも、私のキャパシティではできなかった。

今なら子どもたちときちんと向き合えるし、余裕を持って話を聞いたり、一緒に考えたりすることもできます。

それに、自分で収入を得られるようになって、子どもたちには好きなだけ本を買ってあげられるようになりました。

もともと私の実家が、「本なら好きなだけ買ってあげる」システムだったので、私もそうしたかったんです。

でも、絵本や児童書は1冊1000円以上するし、自分が勉強するためのビジネス書も結構なお値段です。今までは買えずに図書館通いで我慢させて（して）いました。

それが、今なら「本ならいくらでも買ってやるぜ！」と自信を持って言えます。

また、**子どもたちにはいろいろなことを経験させたい。そのための投資も惜しみたくありません。**

収入に少し余裕ができた今、子どもたちには「2つまでなら好きなお稽古事をしていいよ」と伝えていて、もちろん自分たちで考えさせて決めています。

在宅ワーカーになったおかげで私の願いが叶った上に、顔を合わせることすらできなかった夫ともゆっくり話す時間が作れるようになりました。

夫の休みに合わせて自分の仕事をやりくりし、カフェでおしゃべりするのは楽しみのひとつです。

おかげで、夫婦仲もめちゃくちゃよくなり、家庭崩壊の危機から脱することもできました。

在宅ワーカーは責任も成功も自分次第。収入は頑張れば青天井です。

時間もない、お金もない、というナイナイづくしだった頃には想像もできませんでしたが、在宅ワークで手に入れた余裕を家族に還元できるようになった今、頑張ってきて本当によかったと思っています。

在宅ワーカーになったおかげで、収入が増えただけでなく家庭も円満に。

苦節10年！月収数千円から100万円越えに至るまでの汗と涙の記録がこちら。紆余曲折ありましたが、なんとかここまでこられました。

100万円

80万円

60万円

40万円

20万円

在宅ワーク スタート！

ヤクルトレディ時代

専業主婦時代

START！

2018 2017 2016 2015 2014

1. 雑誌『サンキュ！』の公式ブロガーとして活動開始
2. 夢だった『サンキュ！』に掲載される。この頃の収入はメルカリやポイ活で月数千円ほど
3. ヤクルトレディの仕事を開始して月10万円ほど稼ぐが、翌年の幼稚園代に消える
4. 長女の妊娠が判明してやむなくヤクルトレディを退職。収入は月数千円に逆戻りで在宅ワークを考え始める
5. 長女出産、次男幼稚園入園、翌年からWordPressブログを開始するも数千円程度の収入。このころインスタも開設
6. webライターの仕事も始める。ポイ活やブログ、webライターで月2～3万円稼ぐように
7. インスタで初めての収入をGET！　アフィリエイトやPR依頼も徐々に増え、第一目標の月5万円達成
8. インスタで1万フォロワー達成するも収益が伸びず！　この頃はwebライターとブログ収益がメインで月2～3万円程度
9. ブログで100記事達成。ただ、これ以降は注目されていたインスタグラムに一本化
10. webライターを辞めてインスタ一本に絞ったおかげで、第2目標の月収10万円を達成

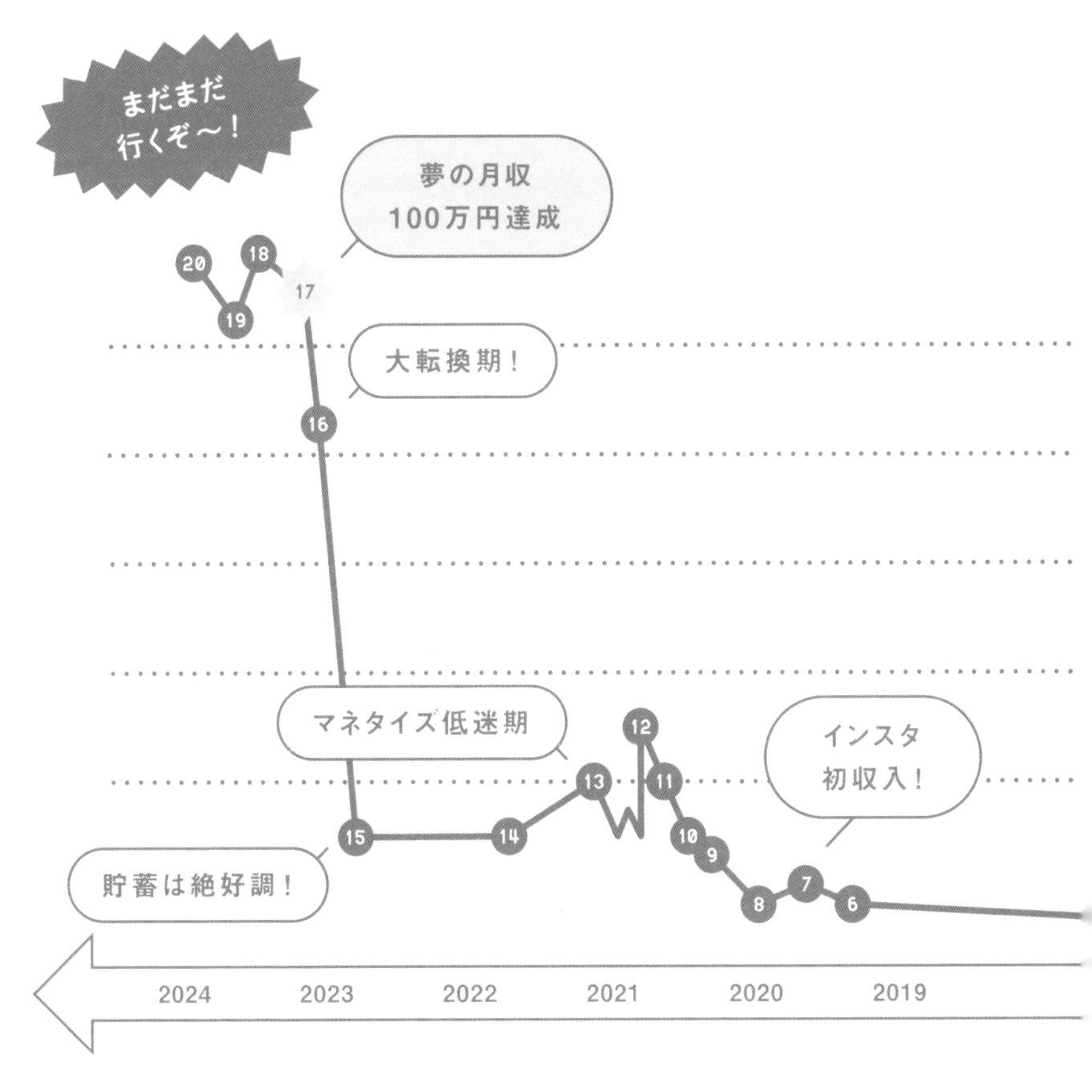

16 稼いでいる人との出会いで、月収大幅アップ！　いきなり月85万円達成

17 順調に収益も伸びて、ついに夢の月収３桁達成！

18 過去最高月収を達成！

19 法人化を達成！

20 新たなビジネスとして、インスタ講座をスタート

11 ほぼインスタからの収入のみで、月収20万円を達成！

12 インスタグラムの投稿を家計管理から整理収納にシフト。月収30万円を達成するものの、以降は10〜20万円をうろうろ……

13 フォロワー10万人達成。フォロワー数は伸ばせたものの、マネタイズは一向にうまくいかない

14 三男出産。在宅ワークで産後すぐに働け、収入減少も最小限に抑えられる

15 収入は増えないものの、家計を整えたおかげで貯蓄は1000万円を突破！

家族6人
56平米
賃貸暮らし!

PROFILE なごみー家プロフィール

なごみー(39)

在宅ワーク

暇さえあれば漫画を読みたい、アニメが観たい、子どもより子どもっぽいポンコツ母ちゃん。行動力の原点は、「いかに漫画時間を確保するか」。思い込んだら一直線の猪突猛進型。

夫(38)

飲食業

話を聞いていないようで聞いている我が家の大黒柱。家族の何気ないひと言を覚えているので、サプライズで人を喜ばせるのが得意。最近、体型が気になり始めたお年頃。

次男(9)

小4

我が家のムードメーカー。ギャグセンスはピカイチで、笑わせることで家族の腹筋を鍛えるのに一役買ってくれている。三男の世話、料理など家事力は兄妹弟の中で一番高い。

長男(11)

小5

口から生まれてきたのではないかと思うほどのおしゃべりさん。初対面ですぐ友達になっちゃう天才。本を読むのが大好きで、毎日何かしらの豆知識を披露してくれる、我が家の歩く辞書。

長女(6)

幼稚園年長

紅一点、我が家の姫！　親と兄貴たちを手玉に取り、気まぐれに立ち回っては家族の視線をかっさらう姿は、すでに小悪魔系女子の素質あり（でもかわいいから許しちゃう……)。

三男(2)

保育園2歳児クラス

何にでも興味津々！　興味を持ったことは是が非でも試さないと納得しないワイルドベイビー。三度の飯より抱っこが好き。特技は、家族をメロメロにとろけさせること。

※2024年5月現在

CHAPTER 1

今日から社長！稼ぐメンタルの作り方

A SLOPPY MOTHER WHO EARNED
1 MILLION YEN A MONTH
BY WORKING FROM HOME

稼ぐメンタル

01

未経験でも在宅ワーカーになれる！責任も成功も自分持ちの覚悟でできっこない……をぶち壊せ！

ヤクルトレディ時代、子どもたちとの時間が欲しい、お金を貯めたい、仕事がないと保育園に入れられない……等々のどうにもならない事情から、思い至った「在宅ワーカー」への道。

そのちょうど同じ頃、専属ブロガーをやっていた、私の家計管理のバイブルだった雑誌『サンキュ！』のブログが終了することになり、どこかでブログを続けられないかと探していました。

それから、「ブログで○○円稼いだ！」という記事を見て、「どうやらブログがお金になるらしい」ということも知りました。

当時は今ほど情報がなく、書くのも発信するのも手探りでしたが、人気の高いブログを読み漁ったり、フォロワーさんの多いインスタグラムを研究したり、とりあえず走りながら試行錯誤してここまできました。

「この人みたいになりたい」「こういう生活がしたい」という一心で突き進んできたおかげで、「私なんかが在宅ワーカーでやっていけるのか？」という疑問やマイナス思考に悩むことはなかったような気がします。単に性格の問題かもしれませんが（笑）。

とはいっても、SNSで発信したことがない人や、そもそも仕事経験の少ない人が、いきなり在宅ワーカーを目指すことに尻込みしてしまう気持ちはよくわかります。

新しいことを始めるのは勇気がいるし、何より未知の世界で「独り立ち」するのに不安を抱くのは当たり前です。

でも、大丈夫。**覚悟を決めて取り組みさえすれば、誰でも在宅ワーカーへの道は拓けます。**だって、OL生活たったの2年、消費者金融からの借金持ちで結婚後は専業主婦からスタートした私でもできたんですから。

二の足を踏んでしまう理由はいくつかあると思いますが、まずひとつに、「お金を稼ぐ＝どこかに雇ってもらう」「自分で稼ぐなんてできっこない」という思い込みが大きな要因ではないでしょうか。

そんなフリーズ状態から脱して**「責任も成功も自分持ち」という覚悟を決めることが、在宅ワーカーへの第一歩**になるのです。

「在宅で仕事をしたい」という人は、組織に縛られずに、自分の裁量で、自分の好きな時間に、自分のやりたいように仕事がしたいと思っているのではないでしょうか。もしそうであれば、まずはその覚悟を決めましょう！

大丈夫、そのためのお手伝いを本書でしていきます。

そしてもうひとつやっかいなのが、本書でご紹介するような商品をおすすめする方法で「お金を稼ぐ＝人に商品を売る＝やや後ろめたいこと」という思いです。「銭ゲバ」なんていう言葉もあるので、日本人特有の感覚なのかもしれません。

私がインスタグラムで商品を紹介する場合、**「使ってみてよかったから、気になっている人がいたら使ってみて」と、体験談を伝えているだけ。**商品を無理に売りつけたりは決してしません。

自分が使ってみて「いいものはみんなで共有したい」という思いに、後ろめたさを感じる必要はないんです。

「せっかくフォローしてくれたのに、商品を紹介したら嫌がられてフォローを外されてしまいそう」という思い込みでアフィリエイトができない、というお悩みも多くいただきます。でも、逆にお友達に商品を紹介されただけで、その友達のことを嫌いになりますか？

よかったものをおすすめされて嫌われたなら、それはそもそもお友達ではなかったということです。そこでフォローを外されたなら、商品を紹介したから嫌いになったのではなく、それまでの発信でそれ以上の価値提供ができなかったというだけのこと。

もっと日々の発信に力を入れて、フォロワーさんからの信頼を勝ち取るべし！

こうしたこと以外にも、例えば、「時間がとれない」「特別なスキルを持っていない」「発信できるようなネタがない」などの理由で踏み出せない人もいるかもしれません。

でも、そんな人だって問題なし。なぜなら、私もそのすべてに当てはまっていたから。

それらについては、ここからじっくり説明していきますね。

稼ぐメンタル 02

時間がない！を言い訳にしない

片耳イヤホン、早寝早起き、朝活！ コマ切れ時間を積み上げろ！

今でこそ生活のリズムができてきたものの、私が在宅ワークを始めた頃は、それこそ「時間がなーい！」と叫びたくなるくらいバタバタな毎日でした。

その上、いろいろ走り出してはみたものの、ブログやインスタグラムの収益化には程遠く、自分に何が足りないのかもわからない。

じゃあ、どうするか。

そこで始めたのが、足りない知識のインプットです。**「稼げる人」が何を考えているのかを知らなければ、同じ土俵にも立てません。**

当時から、ブログやインスタグラムで成功している人が、マネタイズやフォロワーさんを増やすノウハウを解説する動画をＹｏｕＴｕｂｅでたくさん配信していました。

とはいえ、１日中、スマホの画面に張り付いて視聴する時間はとれません。

そこで、朝起きてメイクをしながら、食器を洗いながら、子どもたちを寝かしつけながら、ヘアドライヤーをしながら、片耳イヤホンでＹｏｕＴｕｂｅを聴くようにしました。

そうやって、まずは**「時間がないからできない」という制限を自分自身にかけるのをやめようと思ったた**んですね。

ＹｏｕＴｕｂｅを聴き始めて気づいたのは、ビジネスで成功している人たちはみんな、早寝早起きを習慣にしている、ということでした。

それまでの私は子どもたちを寝かしつけた後、夫が帰ってくるまでだらだらと起きて待っていることもありました。

でも、その習慣を知ってからは、夜は子どもたちと一緒にさっさと寝て、子どもたちより１時間早く起き、５時から６時の間は朝活を習慣化しました。

今では長男も一緒に起きて、頭が活性化されている時間にくもんの宿題を終わらせるようになったんです。

また、「寝ても覚めてもインスタグラムのことを考えている」と言っている人もいて、これには「脳みそに汗をかけ！」（自分の頭で考えろ）が家訓のなごみーも納得。

成功している人の技術はそう簡単には盗めないけれど、その人たちの考え方や習慣なら真似してみることはできます。

そうやって、まずは「今すぐできること」から真似していきました。

私は今でも、家事などの作業中は、片耳イヤホンで情報のインプットをしているか、「何がネタになるか」をいつも頭の中でぐるぐると考えています。

隙間時間を有効活用するようになってから、「集中できる時間をまとめて確保できるのはどれだけ幸せなことだろう」ということがわかりました。

朝活だって、いつも1時間とれるわけじゃありません。

たまに誰かが5時半ごろ起きてくることがあって、そんな時は正直、「まだ布団にいてくれー」と思ったりもしますが。

ただ、隙間時間でも「歯磨き状態になるまで」習慣化すれば、それなりに切り替えもうまくなってくるようです。

私以上に時間に拘束されている人だってたくさんいると思います。今現在、フルタイムで働きながら、在宅ワークを目指している人もいるでしょう。

そうした人も、出勤の支度をする間や通勤の間に、必要な情報をインプットしたり、投稿内容を考えたりすることはできるかもしれません。

例えばインスタグラムで稼ぐ場合、物理的に時間がかかるのは投稿を作る間だけ。それも、動画や写真を撮ったり、文字を入力したり、編集したりするのは、慣れてくればどんどん効率がよくなってくるはず。

私も今では、1投稿30分で作れるようになりました。最低限、投稿作りのための作業時間は必要ですが、それ以外はコマ切れ時間で十分対応は可能です。

今までの積み重ねがないなら、これから少しずつでも積み上げていけばＯＫ。

私も勉強を始めた時は、**「稼げる自分に変わりたいなら、根底から全部変えなければ」**という必死の思いがありました。

口癖も「でも、だって、どうせ」を言わないで、「何とかなる」に変えてみる。

そんなことも自分を変える小さな一歩になるんです。

稼ぐメンタル
03

特別なスキルも道具も要らない！

文章も編集も、検索できれば何もかも先人たちが教えてくれる！

今でこそ、どんな言葉が刺さるのか、どうやったら伝わりやすくなるのかなども、多少はわかってきたつもりですが、私が在宅ワークを始めた当初はライティングの技術なんてまったく持ち合わせていませんでした。

もともと書いていたブログもほぼ日記状態で、とりあえず学校で習った「起承転結」があればいい、くらいに思っていたんです。

でも、実は「起承転結」の文章って読んでもらえないんですよね。

そこで、まずは「どうしたら読んでもらえるのか」を調べてみると、すでにブログで稼いでいるという先人たちが「こういう順番で書きましょう」「小見出し、大見出しをつけてわかりやすく」「所々でイラストを入れたり、写真を入れたりしましょう」「※**PREP法**でまずは結論から」など、詳しく書いてくれているじゃあーりませんか！

インスタグラムを始めた時も似たようなものでした。

初めは写真だけ載せていましたが、いろいろ調べてみると、どうも「文字を入れた方がいい」らしい。

「それなら」と、今度は「どうやって文字を入れたらいいのか」を調べ、「こういう無料のアプリがある」とわかり、そのアプリをダウンロードしました。

そうやってGoogle先生の力を借りて検索さえできれば、書籍にネット、親切な先人たちの教えがたくさんあるんです。ちょっとくらいつまずいても大丈夫。

それに、今からインスタグラムを始める人ならなおさら、すでにマネタイズの仕組みは確立しているし、それこそ自分で調べて勉強さえすればいくらでも情報が手に入るんです。

ただし、**あまり情報過多になりすぎても、頭でっかちになって行動しづらくなると思う**

※**PREP法**　①結論を話す＝Point、②その理由を話す＝Reason、③エピソードで具体例を出す＝Example、④最後にもう一度、結論を話して印象に残す＝Point、の順に話す文章構成法。

ので、ある程度の仕組みがわかったら、まずは自分でやってみるのみ！

立ち上げも、投稿も、運営も、始めてみないとわからないことはたくさんあるので、走りながら微調整していけばいいいんです。

在宅ワークに二の足を踏む人の中には、パソコンがない、という人もいるかもしれません。

でも、大丈夫。パソコンが扱えなくても、**インスタグラムならスマホひとつで始められます。**

インスタグラムでの仕事が軌道にのって、「パソコンやｉＰａｄなど、他の機器の方が使い勝手がよさそう」と思ったら、そこで初めて購入を検討すればいいんです。

収益化の見込みがないのに、初期投資する必要はありません。

また機器をパソコンやｉＰａｄに変えても、先にスマホで操作していれば、操作方法の違いを覚えるだけ。やることは同じ、それほど難しいことはありません。

文章力やパソコンスキルの他にも、デザインセンスがない、動画や画像の編集をしたことがない、という不安があるかもしれません。

でも、そんな心配も不要です。なんたって、今は便利なアプリがありますから。

具体的にどんなものを使っているのかは、CHAPTER4でご紹介しますが、素敵なテンプレートもたくさん用意されているので、自分でデザインを考える必要もなし。

「どこかに〝センス〟を置き忘れてきた」と言われた私も、どっぷりその恩恵にあずかっています。

動画や画像も同様で、無料アプリがいっぱい。誰でも簡単に使えるので心配はご無用です。

稼ぐメンタル

04

誰もがネタの宝庫、実体験こそ金脈！「ちょっとだけ先輩」としての知識や経験が価値になる！

ブログやインスタグラムで稼ぎたい！とは思うものの、プロフェッショナルな知識はないし、人に教えられる情報もない。じゃあ、何を発信すればいいの？

そう思っているあなた。

実は、何かに特化していたり、めちゃくちゃすごい人である必要はありません。

ただ**ちょっとだけ、投稿を見てくれる人の「先輩」であることが大事**なんです。

例えば、妊婦さんは、妊娠中に何をそろえればいいのか、生まれた後はどんな生活になるのか、まったくわからなくて不安ですよね。そんな時、１歳の子どもを持つママさんの声って、すごく欲しくないですか？

役所の児童課や子ども用品を扱うお店で、「初めての赤ちゃんには、これだけそろえましょう」という冊子通りに準備しても、実はほとんど使わなかった、というのも結構なあるある。

そういう時、「これはあったら便利だったよ」とか、「これはあまり出番がなかった」というリアルな情報が欲しいはずです、妊婦さんは。

私も、ひとり目を生む時は母に聞くこともありましたが、姉が先に2人生んでいたので、何かあれば姉に聞きました。母より自分に近い姉の方が、情報もリアルだから。

同じように、これから社会に出る人は、すでに仕事をバリバリこなしている人のワークライフバランスが知りたいし、これまで実家暮らしだった人がひとり暮らしを始めるなら、すでにひとりで暮らしている先輩の生活ぶりを知りたいですよね。

そう考えれば、「私にもできそう」と思いませんか？

ただし、初めから「在宅ワークでお金を稼ぐ」ことを目標にしているなら、ブログでもインスタグラムでも、発信するテーマ決めは重要です。

具体的に何を発信すればいいかは、ＣＨＡＰＴＥＲ３で詳しく説明します。

稼ぐメンタル

05

先人たちの珠玉の知恵でビジネス思考を叩き込め！「自分の基準値を上げる」が成功の秘訣

ここまで「誰でも在宅ワーカーになれる」と紹介してきましたが、とはいえ、もちろん何の努力も戦略もなく稼げるわけではありません。

かくいう私も、試行錯誤しながら、それなりに努力してきたつもりです。

とにかくビジネス系のＹｏｕＴｕｂｅを聴きまくり、**「これは響く！」と思った動画は何回も視聴して、ビジネスマインドを頭に叩き込みました。**

早起きして朝活を始めたのもその一環です。

本も大量に読みました。これも、「本を読まない経営者はいない」と聞いたから。

自分の知識不足や最新情報は本を読んでインプット。違った角度から新たな発見や気づきもあります。

誰が言ったのかは忘れてしまいましたが、現代人が読書にかける時間は、1日たった6分なのだとか。

だとしたら、毎日7分読んでいれば、それだけで周りの人より多くの知識を得られることになりますよね？

それを聞いた時はまだお金もなかったし、最新の知識や情報にはついていけなかったので、**まずは図書館で本を借りまくり**ました。

そうやって**少しずつ基礎的なビジネスマインドを培ってきました。**

また、ある人は、「ブログの記事を毎日書いていたら、月収100万円を稼げるようになった」と言っていたので、「じゃあ私も毎日書こう！」と同じことを始めました。

とはいえ、毎日1記事を書き切るのはハードルが高い。

そこで、「1本書き切らなくても、とにかく毎日何行でもいいから書いていこう」「そうやって書くことを習慣化させよう」と思って続けました。

その頃は、家事や子育て、寝る時間以外、すべての時間を書くことに注ぐ勢いでした。


もちろん、日々の生活は大事だし、家族がいるので予期しないことも多々起きます。

書くことに全振りする生活をずっと続けられるわけではありませんが、少なくともスタートダッシュの時は、たとえ2、3行でも書き続ける。

それが習慣になってしまえばそれほど苦になることもありません。


お金を稼ぐ、というのは一筋縄ではいきません。

仕事といっても組織がお膳立てしてくれるわけではなく、ましてや、今まで自分で稼ぐ経験とはほど遠い生活を送っていたのだから。

私の場合、まずは、だらだらと夜更かしして、ぐだぐだで朝急いで起きて、あわてて支度をして……という悪習慣をなくすことが先決でした。

そうやって**自分の基準値を上げて、人の5倍、10倍やれば、そのうちに結果もついてくる**と信じてやることが大事なのだと思います。

そもそも、**先に成功している先輩たちが言うことなら、成功する理由があるはず**です。それをまずは真似してみる。

まったく同じとは言わないまでも、そこに近づくことはできるはず。

結局、成功するための近道などはなく、いくら人がいいとすすめることでも、面倒だからとやらなければ、そこに近づくことはできません。

人がやらないことをやり、人がやっている以上のことをやるからこそ、人よりも成功できるのだと、今はそれを実感しています。

稼ぐメンタル

06

レスは速攻、PRは丁寧に次につながる！クライアントさんにもフォロワーさんにも利益をもたらす社長であれ！

本章の初めに、在宅ワーカーとして身を立てる決意をしたのなら、**「責任も成功も自分持ち」**と書きました。これはつまり、**社長の自覚を持つ**、ということです。

会社に雇われている時は、自分の時間を切り売りすれば毎月固定収入が入ってきます。すると、目の前の仕事をこなすことが最優先で、会社にもっと利益をもたらそう、という思考が働きづらくなります。これは思考停止の状態なのだと思います。

私が雇われている時もそうでした。「どうせこれをやったところで時給は変わらないし」なんて思っていましたし。

でも、在宅ワーカー、言うなれば**ひとり社長になれば、何でも自分で調整できるメリッ**

トがある反面、すべてが自己責任。

どんなことも自分で判断する力、自分で選択する力が必要です。

また、**どんな仕事も100％の力で本気でやらなければ、二度と声はかかりません。**

などと偉そうなことを言っている私も、最初のうちはそんな自覚はなく、深く考えもしないでやっていたこともありました。

ある時、「この水筒のPRをお願いします」と声をかけてもらったことがありました。その時は、「水筒がもらえてラッキー」くらいの気持ちで、ただ商品の写真を撮って、載せるだけの投稿をしていたんです。でも、今思えば、これはやってはいけないことでした。

商品をPRするということは、その商品がいかに魅力的で、どういうところがよくて、でもここはちょっと使いづらい、という「かゆいところに手が届く」情報までを提示すること。主役はあくまで商品です。

このPRを目にするフォロワーさんだって、購入するならよい点も悪い点も知りたいし、それを提供できてこそ、初めて納得して「これなら買おうかな」と思ってもらえるわけですから。

それに、「商品の無料提供でこの記事を書いてください」と言われたら、これを提供するための広告費や、私に払う記事の原稿料などは、全部クライアントさんの経費です。

それだけのお金をかけて「ＰＲして欲しい」とお願いされているのですから、私はこれを売る必要がある。

多くの人にこれを広めて、買ってもらうのが私の仕事なんです。

そう考えれば、「商品の写真を撮って載せるだけ」なんてことはできないはず。そして、それをやってしまえば、次の仕事はありません。

一方で、**商品のよさを伝えることに命をかけて記事を書けば、クライアントさんは私にまた依頼したいと思ってくれるし、必ず次につながります。**

そのサイクルをどんどん作っていかないと、必ず頭打ちになる時がきます。

それがわかっていれば、どういう記事を書けばいいか、どんな写真を撮ればいいか、という意識も働くでしょう。

もちろん、稼ぐためには自分で仕事を取りに行く必要もありますが、あちらから声をかけてくれるなら万々歳です。

また、在宅ワーカーもビジネスマンですから、当然、基本的なビジネスマナーも大切。私たちは取引先と対面でやり取りすることはほとんどなく、だいたい仕事の依頼や相談はメールがメインです。

だからこそ、**レスポンスはなるべく早くその日のうちに返すことを徹底**しています。

実際、私が雑誌『サンキュ!』のブロガーだった時、「なごみーさんはレスポンスがいつも早い」と担当者さんに言われていました。

同じように「レスが早い」と言われていた人も、『サンキュ!』ブロガーからインスタグラマーに転身して成功したひとりです。

担当さんは、「次はこういう案件があるんですけど、できますか?」と、レスポンスの早い私たちに初めに相談してくれていました。

返信が早ければ、調整や確認もすぐに終わるし、相手にとってもストレスフリー。

さらに依頼が絶えなくなる、という好循環です。

商品のPRも、メールの返信も、**そうやって次につながる仕事のやり方を考えていくことが、ひとり社長となる覚悟なのだと思います。**

稼ぐメンタル 07

PRで稼ぐのは悪じゃない！

価値提供をすることでみんながハッピーに

現在、私がインスタグラムで得ている収入のメインは、アフィリエイトです。有形・無形の商品を購入してもらってなんぼ、という計算です。

つまり、商品を買ってもらわなければ、自分の収入にはなりません。

この、「商品を売る」ことに抵抗や罪悪感を覚えて、SNSで在宅ワーカーを目指すことにためらう人は少なくないようです。

でも、その心配はまったく無用です。

アフィリエイトはフォロワーさんに不利益をもたらしているわけではなく、むしろウィンウィンの関係なのですから。

他の人はわかりませんが、**私が紹介する商品は、必ず自分で使ってよかったものだけ。**

だって、フォロワーさんは私の大事な仲間だから。

大事な人たちにいい加減なものは紹介できないので、まずは自分を実験台にして、試してみて、その経過のデータを収集して、みんなに紹介します。

そうすれば、それを参考にして、「私に合っているかも」と納得してくれます。

依頼された商品で、自分やフォロワーさんに合わないと思ったものは、お断りすることもあります。だって、自分も欲しくないものをPRできないから。

そうやって**自分の目で取捨選択して、本当にいいものであれば自分で試して、フォロワーさんの参考になる情報を提供する。**

その視点さえ忘れずにいれば、自分もフォロワーさんもハッピーです。

罪悪感なんていう思い込みをなくして、みんながハッピーになるために、まずは一歩を踏み出しましょう！

COLUMN 01

なごみー
おすすめ！

ビジネスマインド叩き込み系 YouTube & Voicy

在宅ワークを始めた頃から視聴していたYouTubeやVoicyをご紹介します。
ビジネスマインドを養うためにも、ぜひ、参考にしてみてください。

おすすめYouTube

マナブ
@manabuch

ブロガーとして有名なマナブさん。愚直にやる精神、「歯磨き状態になるまでやる」マインドと、ブログの書き方や収益化の方法など、初心者に寄り添った内容が心に刺さりました。今でもサボりそうになると「あなたの努力は、足りません」の動画を見返しては、自分を鼓舞。

KYOKO先生
@KYOKOsensei

3児のママでシングルマザー、常にワンオペ状態ながら社長としても活躍するKYOKO先生。「時間の作り方」や「ママのフラストレーションを感じながら乗り越えてきた過程」など、むちゃくちゃ参考にさせていただきました。

佐原まい / 週末フリーランス研究所
@saharamai

フリーランスの請求書など、書類管理の仕方を検索していた時に辿り着きました。フリーランスになってからのメリットとデメリットを赤裸々に語ってくれる動画は、これからフリーランスになろうとしていた私にとってとても有意義な情報でした。

北原孝彦 -100億事業への挑戦-
@kitahara64

最近のお気に入り動画のひとつ。北原さんは元々美容師だったそうですが、自分の将来を案じてブログとアフィリエイトをスタートしたそう。年齢も同じで引き込まれました。具体例がわかりやすく、地道な努力を積み上げて今の北原さんがあることが伝わってきます。

しゃべくり社長
@shabekuriCEO

こちらも最近のお気に入り。話がわかりやすくておもしろい上に、あのビジュアルは目の保養にも♡　スピーカーとしての才能が輝いている方なので、今後セミナーをやりたいと思っている私には、話の展開の仕方やマインド面が参考になります。

おすすめVoicy

西野さんの朝礼
https://voicy.jp/channel/941

見ている世界が違いすぎて、ひと言じゃ語れません（笑）。でも、素人の私でもわかりやすく説明してくれる言語化能力、ビジネスアイデア、ビジネスを全体的に俯瞰して見ている感じに加えて、あのビジュアル。「…え…好き…」（笑）。

イケハヤ仮想通貨ラジオ
https://voicy.jp/channel/585

在宅ワークを始めた頃、毎日のように視聴していたイケハヤさんのYouTubeは、残念ながら動画がほとんど削除されていました。今はVoicyで仮想通貨について配信されています。

CHAPTER 2

過去があるから今がある！在宅ワーク遍歴

A SLOPPY MOTHER WHO EARNED
1 MILLION YEN A MONTH
BY WORKING FROM HOME

在宅ワーク遍歴 01

メルカリ

不用品を高値で売って、経費は削減 お小遣い稼ぎをしながら ビジネスの基本を身につける！

CHAPTER2では、これまで私が在宅ワークでやってきたことと、それぞれのメリットやデメリット、どのくらいの収入が得られたのかも含めてご紹介していきます。

在宅ワークといってもピンとこない人もいると思うので、これから始める人は「お家でできるお仕事紹介」として活用してみてください。

ビジネス経験がない人は、「これならできそう」という簡単なものから始めてみてもいいかもしれません。

「最短でインスタグラムで稼ぎたい！」という人は、本章は読み飛ばして、CHAPTER3にスキップしていただいても構いません。

最初に、私が在宅ワークで収入を得たのはフリマアプリのメルカリです。

メルカリが在宅ワーク？と思う人もいるかもしれませんが、自分の裁量でものを売買するビジネスには変わりありません。

それに、メルカリのおかげで**「ものを売る」基本も身につきました。**

我が家に次男が生まれた頃、「貯蓄ゼロではいよいよまずい」と、家賃を抑えるために郊外への引越しを決行しました。その時、古い家の押し入れの中に親戚からもらった大量の未使用のお下がり服を発見したことは、前著を読んでいただいた方には周知の事実。

「これがあったら新しい服を買わずに済んだのに」と思ったところで後の祭り。

おかげでこれを機に整理収納や片付けに目覚め、その延長で始めたのがメルカリで使わなくなったものの売却です。

かなり売れた月でも1万円程度でしたが、**捨てるくらいならお金に換えたほうが断然いい。**

商品はなるべく高く売り、逆に経費はなるべく抑え、利幅を増やすのがビジネスの基

本。メルカリでものを売るのも、まったく同じセオリーです。

メルカリを利用する際は、商品を「どんなふうに載せたら売れやすいか」を研究し、安い梱包材を探し、一番安く送れる方法を調べました。

商品は状態が隅々までわかるように写真を載せて、特に傷やシミ、壊れている箇所などがあれば、必ず写真とコメントで知らせておきます。

商品の欠点を書かずに売ってしまうと、あとから「こんな欠点は聞いていない」と評価を下げられて、次の取引にもつながりません。

「自分が買うならどんな情報が欲しいか」という顧客目線が、掲載すべき情報のベースになりました。

価格は、「自分ならいくらで買うか」と、他の出品者の相場をリサーチして設定。

この時、自分が「1300円くらい」だと思ったら「1500円」で出しておきます。

これは値引き交渉をされた時、ギリギリ1300円までなら余裕を持って値引きできるし、100円値引いても希望価格より高い1400円で売れるからです。

また、値段の駆け引きは、10円、20円と刻んで提示するのが値引きのコツ。

そうやって購入者は数十円でも安くなって、出品者は希望より数十円高くなったら嬉しいですよね。

メルカリでは、想定より高い送料がかかって手残りが数十円だった、という失敗もありましたが、失敗を教訓に原因を分析し、改善すれば、それは自分の経験値。

そうやって培った経験値が、今のビジネスにもつながっています。

ただ、当時は少しでもキャッシュが欲しかったのでありがたかったのですが、**商品を撮影して、コメントを載せて、購入者とのやり取りをして、梱包して、発送してと、実は結構な手間も時間もかかります。**

また、家を片付けてからは不用品もほとんどなくなったので、利用することもなくなりました。

今は、もっと手軽な箱に詰めて送るだけの「Ｐｏｌｌｅｔ」をたまに利用しています。

在宅ワーク遍歴 02

ポイ活

ルートによってはポイント三重取り？
サイトを経由して
買い物に使えるポイントをゲット！

メルカリで不用品処分とお小遣い稼ぎをしていた同じ時期、ポイ活にも力を入れていました。

ポイ活とは、商品を購入したりサービスに登録したりしてポイントを貯め、貯めたポイントを活用することです。

私の場合は**「ポイントサイト」に登録し、そのサイトを経由してクレジットカードを発行したり、アンケートに答えたりしてポイントを稼いでいました。**

案件によってもらえるポイント数はまちまちですが、それを愚直に、地道にやっていました。

私が登録していたポイントサイトは、「ｗａｒａｕ（ワラウ）」「ＥＣナビ」「モッピー」です。

当時はクレジットカードを持っていなかったので、初めのうちはそれこそ無料のクレジットカードを発行し放題でポイントを貯めまくりました。

年会費無料のクレジットカードの発行は、いわゆる高額案件と呼ばれるもの。

例えば楽天カードの場合、カードをポイントサイト経由で発行するだけでサイトから５０００円分のポイントがもらえるとします。さらに、カードの発行で、楽天からも８０００円分の楽天ポイントがもらえるという、ポイントの二重取りができるんです。

楽天の買い物を、登録しているポイントサイト経由ですれば、ポイントサイトにポイントが貯まるし、楽天のポイントも貯まるし、楽天カードのポイントも貯まる、というポイント三重取りも可能です。

そうやって、どこを経由したら一番ポイントがもらえるか、ということをいつも考えていました。

始めた当初はたくさん貯められたポイ活ですが、クレジットカードを何枚か作ってしまうと高額案件もなくなり、稼げるポイントは頭打ちになってきます。

そこで今度は、**ポイ活を紹介するブログを書き始めました。**

「ポイ活で月に5万円稼いでいる」という人の記事を見つけたのもその頃です。

その人は、「ブログでポイントの貯め方を紹介しながら、同時に友達紹介の仲介料で稼いでいる」というではありませんか。

自分でポイントを稼ぐことに限界を感じていた私は、さっそくその方法に便乗しました。ブログのネタにもなって一石二鳥です。

ポイ活のお友達紹介もやる事はアフィリエイトと同じなので、この時の経験が今に活きています。

一時はポイントサイトのお友達紹介に力を入れていましたが、アフィリエイトで稼げるようになってからはそちらに全振り。

それでも、この時に書いたブログから、今でも毎月数百円〜数千円程度の収益があります。

在宅ワーク遍歴 03

Webライター

プロの添削でライティング技術を習得！文章力のレベルアップに効果抜群

私が本格的に在宅ワークを始めた2019年。すでにブログをやっていたことから「書くことが仕事にならないか」と思って見つけたのがWebライターの仕事です。

また、ブログのほうは育つ（認知される）までに時間がかかるので、とりあえず手っ取り早くキャッシュが欲しかったのもありますが。

その上、翌年の4月に長女の保育園入園問題も抱えていました。

Webライターなら「働いています」という実績もでき、保育園に入園できればもっと仕事を受注して稼げるとも思っていたのです。

Ｗｅｂライターの仕事は、まず「クラウドソーシングサイト」に登録し、そこで紹介されている中で自分のできそうな仕事を探して応募→受注→納品、という流れになります。

ライティングのテーマはいろいろありましたが、その中に「主婦向けサイトに掲載する節約や家計管理、料理などの記事の執筆」という仕事を発見。

ブログに書いているテーマと同じなら書けるだろう、とさっそく応募して無事合格。それが初めての仕事になりました。

原稿料は１本３０００円で、１年経たないうちに４０００円に値上がりしました。詳しくはわかりませんが、私の書いた記事が結構なＰＶ数を稼いでいる、というのが理由だったようです。

始めた当初は、「月２万円はもらえるように頑張ろう」と目標を立てましたが、初めてもらった原稿料は、源泉徴収を引いた８９００円。

そのうち月に４、５本書くようになり、ようやく月収１万５０００〜２万円程度になりました。

原稿は1週間に1、2本納品して、それを担当さんに添削してもらい、戻ってきたものを確認してOKなら最終納品となります。

この時にびっくりしたのが、プロの手腕。

戻ってきた原稿を見て、「プロの手にかかると、文章はこんなに変わるんだ」と驚きました。ライティングの勉強ができて、お金までもらえるなんて！

この時の添削は、今のライティングのベースになっています。

Webライターの仕事は、書けば必ずお金になるという点では助かったものの、ちょうど娘が1歳半くらいで活発に動き始める時期だったこともあって、そのうち同じペースで仕事を受けるのが難しくなってきました。

その上、同時並行で育てていたブログの広告収入がWebライターの月収を超えたので、ライター稼業は1年ほどで見切りをつけました。

在宅ワーク遍歴 04

ブログ

目標は100記事アップ！
コンテンツを作り、広告で稼ぐ基礎をマスター

ブログを始めたのは、次男が生まれた翌年です。

当時、専業主婦だった私は社会とのつながりが欲しかったのと、たまたま雑誌『サンキュ！』の専属ブロガー募集の記事を目にして、「私もブロガーになってこの雑誌に載りたい」と思ったのです。

その後運よく採用され、『サンキュ！』ブロガーとして「節約と家計管理」をテーマに3年ほど活動を続けた頃、公式ブログが閉鎖されることになりました。

その頃には、「ブログがお金になる」こともわかり始め、ブログが主戦場だと考えていた私は、何とか他の場所でブログを続けたかった。

そんな時、ブログで稼いでいる方たちがこぞって使っている「ＷｏｒｄＰｒｅｓｓ」というブログサービスを使ってみることにしました。

ＷｏｒｄＰｒｅｓｓはそれまでと違って運用に費用がかかるし、一から立ち上げるのも面倒でしたが、ある有名ブロガーさんが開発したＷｏｒｄＰｒｅｓｓのテーマ（フォーマット・雛形のようなもの）の使い勝手がいいと聞きつけ、先人が「いい」というものはすぐに取り入れるのがポリシーの私は、即購入して早速記事を書き始めました。

この時、同じく実際の**ブロガーさんたちが口をそろえて「１００記事は書くべし」と言っていたので、私も１００記事アップを目指すことに。**

それに、たくさん記事をアップして、ブログ自体のドメインパワー（そのサイトの評価の高さを表す指標）を上げないと、検索しても上位に表示されない、という事情もありました。

ブログでお金を稼ぐには、主に２つの方法があります。ひとつはＧｏｏｇｌｅアドセンス、もうひとつがアフィリエイトです。

①**Ｇｏｏｇｌｅアドセンス**とは、Ｇｏｏｇｌｅ社が提供するクリック報酬型広告のプ

ログラムで、ブログ内の広告がクリックされるたびに、報酬が発生するというシステムです。1クリックいくらで報酬がありますが、単価が数十円〜数百円と安いので、数で稼ぐタイプ。

②**アフィリエイト**は、成功報酬型といわれる広告。紹介する商品が購入されると、一定額の報酬が発生します。報酬額は高いのですが、クリックされるだけでは報酬が得られません。

Googleアドセンスには審査があり、私がWordPressで8記事を更新したあたりで審査通過、ブログに広告が貼れるようになりましたが、単価が安いので相当なアクセス数、PV数がないと収入は見込めません。

WordPressを始めて1年後のGoogleアドセンスの収入は、せいぜい2万円程度。

一方、アフィリエイトで貼った家庭用脱毛器が1件売れて、2万円の報酬が入ったことがありましたが、こちらもコンスタントに収入を得るにはまだまだ心許ないのが現実でした。

それでも「目標達成までは」と、ここでも節約や家計管理について書き続けました。100記事アップを達成したのと同じ頃、並行して育てていたインスタグラムでフォロワーさんが1万人超えに。

その頃から徐々にブログは記事をリライトするにとどめ、市場的にも注目が集まっていたインスタグラムに活動の主軸を移行していきました。

私の場合は、ブログが収入の柱になることはありませんでしたが、人気ブログに育てられれば、それに応じた収入も見込めます。それに、ひとつの記事が稼ぎ続けてくれるといった可能性があるのも魅力です。

この時、**地道に100記事書いたおかげで文章を書く習慣と「やればできる」という自信がついた**のは確かです。

ブログを運営したことで、自分でコンテンツを作り、広告で稼ぐという基本を学ぶこともできました。

WordPressで立ち上げたブログ。目標だった100記事を達成しました。

在宅ワーク遍歴 05

インスタグラム

フォロワー数と収益が比例しない！ダメ投稿の低迷期から月収100万円へのリベンジ！

インスタグラムを始めたのは、『サンキュ！』のトップブロガーと呼ばれるようになった頃です。

『サンキュ！』のイベントに参加して、それをインスタグラムにアップしてください」という依頼が増えたのがきっかけでした。

もともとブログを発信していたのでネタに困ることはなく、フォロワーさんが3000人を超えた頃、クライアントさんから「商品の無償提供ありで、1投稿2000円（～5000円）でPRしてくれませんか」と声をかけてもらえるようになりました。

そうして細々と「投稿するだけで報酬がもらえる」ＰＲ案件で稼いでいるうち、２０２０年５月、ようやく目標だったフォロワーさん１万人を突破！

当時、インスタグラムのフォロワーが１万人を超えたアカウントだけが、ストーリーズにリンクを貼ることができたのですが、それがステータスであり、「そこからどんどん稼げるようになる」とも聞いていました。

アフィリエイト案件の声がかかり始め、自分でもＡＳＰ（アフィリエイトサービスプロバイダー：広告を仲介してくれる会社）から**広告を探して投稿するようになり、本格的にインスタグラムの収益化に向けて走り出しました。**

ところが、その頃は自分のアカウントにアフィリエイトのリンクが貼れることに浮かれ、意識レベルは「誰かが買ってくれたらラッキー」程度。投稿もひどいものでした。

「今なら○％オフ」というお得情報を、これでもか！というくらいベタベタ貼ったり、自分と商品のツーショット写真を載せたりするだけ。当然、収益はまったく伸びません。

当時の収入が１か月で４３１４円。そのやり方が失敗だったことを如実に表しています。

その後もフォロワー数は順調に増えるのに、収益だけは一向に増えず。自分よりフォロワーさんの少ない人でも、すでに何百万円と稼いでいる人がいるのはどうしてなのか、どうすればもっとお金が稼げるのか、ずっとモヤモヤしていました。

そんな時、たまたま「何百万円と稼いでいる人」がインスタグラムで稼ぐ方法をnoteに書いていたんです。「自分の**インスタグラムはアカウントを開設する時点から、収益化を目的に設計**していた」と。

つまり、「お得情報のアフィリエイトを載せることを前提に、誰よりも先にお得情報を出せるアカウントを作った」というのです。なるほど。

私の失敗は、**家計管理や節約情報のアカウントにもかかわらず、何も考えずに商品やサービスのお得情報を載せていた**こと。

そもそも「お金を貯めたい、お金を使いたくない」フォロワーさんにちょっとくらいお得な情報を出したところで、簡単に財布の紐は緩まない、という事実にようやく気がついたのです。

投稿内容を「家計管理」から「整理収納」へと方向転換したのはそれからです。そこからフォロワーさんも一気に10万人に増えました。

ただし、その後もアフィリエイトの収入はよい時で月30万円を超える程度。フォロワー数を考えれば、とても成功とは言えない数字です。

自分なりにいろいろ考えてやっているつもりでしたが、どうにも最後のピースがはまらない。そんな状況に業を煮やしていた時、相談したインスタグラマーさんのアドバイス通りに実践したら、一気に月50万円の壁を超え、最終的に１００万円を稼げるまでになったのです。

遠回りしてきた私だからこそ、みなさんには最速最短ルートを辿って欲しい。

次章からは、そのための具体的なインスタグラムの始め方をお伝えします。

難しい？　いくら稼げる？
初めてでもOKの在宅ワーク一覧

私がこれまでやってきた在宅ワークの難易度と概要、収入の目安をまとめました。
どれも一長一短はありますが、まずは興味が湧いたものを実際にやってみましょう。
手段は違えど、「在宅で収入を得る」感覚はつかめると思います。

収入の手段と難易度	お仕事概要	収入の目安
メルカリ ★☆☆	サイト上で不用品を出品して販売。不用品がお金に換わり、ものを売る基本が身につくが、金額に比べ手間暇もかかる。	売るものにもよるが、月1〜3万円程度
ポイ活 ★☆☆	ポイントを貯めて、活用。「ポイントサイト」に登録してポイントを稼いだり、ブログやSNSで紹介することで収益化することもできる。	頑張って月2万円程度〜 ブログやSNSとの掛け合わせで青天井
webライター ★★☆	クラウドソーシングサイトに登録→仕事に応募→受注→原稿執筆→納品。プロの添削が受けられて、ライティング技術が身につく。	内容にもよるが、1文字0.5円程度〜
ブログ ★★★	自分の得意な分野や興味を活かして記事を作成し、広告を載せることで収入を得る。読者を増やすことで収益化していく。	アクセス数やジャンルにもよるが、月0円〜 最大は青天井
インスタグラム（収益化） ★☆☆－★★★	①広告で稼ぐ、②販売して稼ぐ、③プロとして稼ぐなど、収益化の方法はさまざま。（詳しくはP 77参照）難易度は①→③の順に高くなる。	フォロワー数やジャンルにもよるが、月0円〜 運用次第で最大は青天井

CHAPTER 3

失敗から学んだ最短ルート！稼げるインスタの始め方

A SLOPPY MOTHER WHO EARNED
1 MILLION YEN A MONTH
BY WORKING FROM HOME

稼げる
インスタの始め方

01

今だからできる！勝ち組の情報をゲットして最短で成功者を目指せ！

巷にインフルエンサーがあふれる昨今。「今さらインスタグラムで稼ぐには遅すぎない？」と思われるかもしれません。でも、実は、**今こそ始めるべきなんです。**

初期段階でつまずいた私からしてみれば、今から始める人が羨ましいくらいです。

私がインスタグラムで発信し始めた４年前は、インスタグラマー人口も情報も少なく、どうやったらフォロワーさんが増えるのか、どうやったらマネタイズできるのか、自分で試行錯誤するしかありませんでした。

おかげで、稼げるようになるまでに１年以上の時間がかかりました。

でも、今から始める人は、すでに「稼げるインスタグラマー」がたくさんいて、そのノウハウをいろいろな人が公開しています。

つまり、**成功者のやり方を学びたい放題！　真似し放題！**なのです。

稼ぐ方法だけでなく、アカウントの解説やアプリの使い方まで、ちょっとググればいくらでも出てきます。

先が見えず、壁にぶち当たって途方に暮れていた私の時代とは大違い。

私もいまだに成功者の発信を見聞きして、「なるほど」と思うと同時に、勉強にもなっています。

インスタグラムを続けるうちに伸び悩んでも、「伸び悩んだ時はこうすればいい！」という懇切丁寧な情報が盛りだくさん。ホント、いい時代になりました……。

直接的なノウハウだけでなく、自分のアカウントとインフルエンサーさんのそれを比べてみることで、自分の足りないところや改善策も見えてきます。

さらに言えば、**アフィリエイトの体制もしっかり確立されているので、初めから計画的に稼げるようになるはずです。**

インスタグラムで稼ぎたいと思うなら、今すぐチャレンジしましょう。

稼げる
インスタの始め方
02

インスタは主婦にピッタリ！ スマホがあってちょっとだけ先輩 それさえ満たせば誰でもできる！

「専業主婦歴が長いから」と尻込みしているあなた、**実は主婦ってインスタグラムと相性がいい**ことをご存じですか？

インスタグラムの利用者は主婦層が多いと言われています。

ビジュアルメインのインスタグラムは、まとまった時間が取れない主婦にとってのお助けツール。

また、同じ立場の主婦やママのインスタグラマーさんには親近感を抱きやすく、不安や悩みを共有できる存在でもあります。

彼女たちの発信する情報は同じ主婦目線だからこそ、知りたいこと、悩んでいることが手に取るようにわかるはず。

「顔出しなんて絶対無理！」という恥ずかしがり屋のあなた、**顔を出さなくてもまったく不都合はありません**。フォロワーさんが20万人、30万人いるインスタグラマーさんでも、顔出ししていない人はたくさんいます。

後ろ姿だったり、手元だったり、首から下だけを映したり、マスクを着用するという手もあります。

インスタライブを行う時も、パソコン画面のテキストをずっと映し続ける人もいて、だからといって何の問題もありません。

声を大にして言いたいのは、**スマートフォンがあって、ちょっとだけ誰かの先輩なら誰にでもできる、**ということです。

「自分には無理」なんて思わずに、まずは勇気を持って第一歩を踏み出してみましょう！

稼げるインスタの始め方

03

1万フォロワー、月収100万円！途方もない目標も細かく段階分けすれば必ずゴールに辿り着く！

インスタグラムで稼ぐと決めたのであれば、最初にやっておくべきことは「フォロワーさんはいつまでに何人欲しいか」「フォロワーさんをどこまで連れていきたいのか」「いくら稼げるようになりたいのか」などの目標設定です。

目標があれば、そこから逆算することで、達成するためには今何をすべきかがわかってきます。

私の場合、「1年以内にフォロワーさん1万人達成」と、最終的には「月収100万円を稼ぐ」ことを目標にしました。

当時、インスタグラムで月２万円ほどしか稼げない私が月収１００万円など雲の上の話。到達するには、あまりに距離が遠すぎて、明確にイメージすることすらできませんでした。

そこで、まず月収２万円から５万円を目指し、次に10万円を目指し、10万円を達成したら20万円を目標にしました。

ＯＬ時代の月収がだいたい20万円だったので、それを超えることを目標にして、その後は夫の給料を超える！と決めていました。

目標に到達するまでに必要なことをひとつずつ細分化し、「月に何人フォロワーさんを増やしたいか」「そのために投稿数はどれくらい必要か」など、細かいステップに分けて考えることにしました。

もちろん、途中で思うようにいかないことも多々あります。その時は微調整を加えながら、「どうしてこの目標までいけなかったのか」を考えるのです。

そうしていくうちに気がつけば、フォロワーさん１万人も月収１００万円も達成で

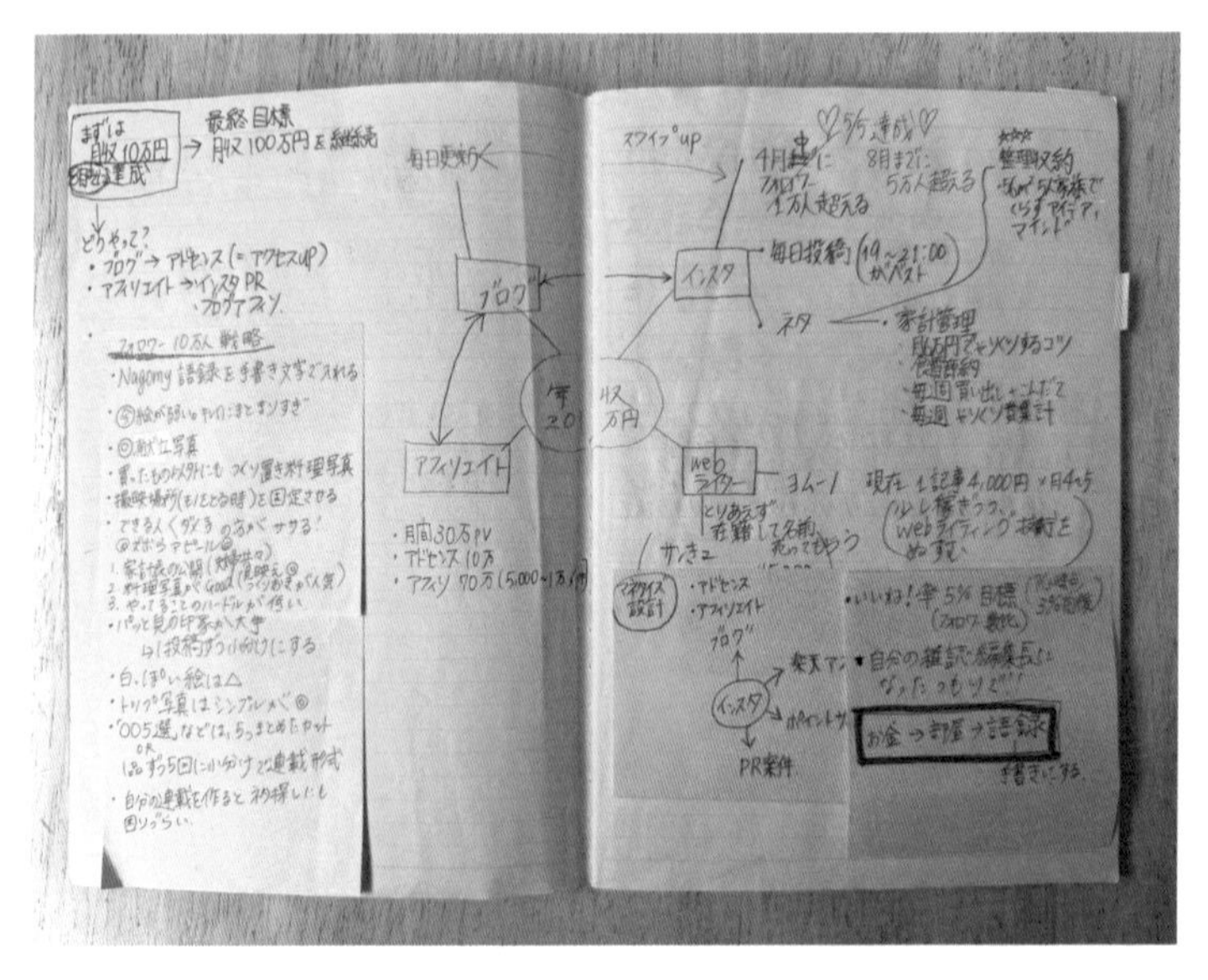

目標を掲げ、そこに到達するための設計図や手段を記録していたノート。

きていたのです。

無理だと思える目標も、そうやって常に改善と修正を繰り返しながら、少しずつ階段を上ってひとつずつ達成していけば、初めは想像もできなかった大きな目標にも必ず手が届きます。

「できそう」ではなく「できる」と思えば行動も変わります。

みなさんもぜひ、臆せずに大きな目標を掲げ、それに向かって走り出しましょう！

稼げる
インスタの始め方
04

狙うはノーリスク、ハイリターン！ 主婦がインスタで稼ぐなら インスタ×アフィリエイト一択

ここからは、「インスタグラムで稼ぐ」方法について説明していきます。

インスタグラムで稼ぐといっても、もちろんアカウントを開設すればお金がもらえるわけではありません。その方法は、主に３つです。

①宣伝して稼ぐ
クライアントさんの商品やサービスをフォロワーさんにおすすめして稼ぐ方法で、大きく分けて２つのタイプがあります。

ひとつは、**投稿するだけで報酬が発生する「PR案件」**。クライアントさんから、「この商品のPRをお願いします」と声をかけてもらって初めて載せられる広告です。

「1投稿でいくら」という計算で、受注が受け身でいつ声がかかるかわからないので、売り上げの予測はできません。

料金はまちまちですが、受注の目安は1フォロワー×0・5円以上が基準となります。ただし、「自分のフォロワーさんに合っているもの」「自分が好きなもの」「投稿がしやすいもの」などを鑑みて、それ以下の値段で受けるケースもあります。

フォロワーさんが少ないうちは、相手と交渉するのは難しいと思いますが、10万人を超えてきたら、交渉次第で単価を上げてもらうことも可能です。

私が最初に受けたのは、まだフォロワーさんが1万人もいなかった頃、1件5000円で受けました。

アカウントを開設し、フォロワーさんが3000人くらいになると、ぼちぼち声がかかるようになってきます。

初めは1件3000円くらいからのスタートですが、投稿すれば確実にお金がもらえるのは嬉しいものです。

インスタで稼ぐ方法

❶ 宣伝して稼ぐ	クライアントの商品やサービスをフォロワーさんにおすすめして収益化	● PR案件 ● アフィリエイト
❷ 販売して稼ぐ	自分の商品や、サービス、コンテンツを販売する	● オリジナル商品・サービスの販売 ● オリジナルコンテンツの販売
❸ インスタのプロとして稼ぐ	インスタグラムを知り尽くしたプロとして活動して報酬を得る	● アカウント運用代行 ● コンサルタント業務 ● オンラインサロン運営

もうひとつはアカウントを見てくれる人に**商品やサービスを購入してもらって、売り上げの何%かが報酬になる「アフィリエイト」**です。詳しくはCHAPTER6でお伝えしますが、アフィリエイトを仲介するASP（アフィリエイトサービスプロバイダー）に登録して、商品を選び、フォロワーさんに紹介します。報酬は、商品によって異なり、商品価格の数%～高額なものまで多様です。

②販売して稼ぐ

①とは違い、自分の商品やサービス、コンテンツを販売する方法です。

インフルエンサーとして「この人のもの

が欲しい」と思ってもらえる濃いファンがいることが前提になります。

例えば、ファッション系のインフルエンサーなら服のブランドを立ち上げ、オリジナルの服やアクセサリーを販売します。

自分で自由に価格を決めることができますが、**スキルやノウハウが必要なことや、商品を作るなら初期投資も必要になるので、初心者にはハードルが高め。**

③インスタのプロとして稼ぐ

インスタグラムを知り尽くしたプロフェッショナルとして、他の人のアカウント運用を代行したり、運用方法をアドバイスしたりするコンサルタント業務、オンラインサロンを作って月額収入を得るといった方法です。

高額な報酬も期待できますが、**時間、知識、実績のすべてが必要になる一番難易度が高い方法**になります。

①〜③の中でも私たち主婦層におすすめなのがアフィリエイトです。その理由は、

・フォロワーが数千人から始められる。

- 自分のスケジュールに合わせて柔軟に作業ができる。
- ASPへの登録が無料、オンラインで簡単にできる。
- 特別なスキルがなくても始められる。
- 在庫不要なのでリスクが少ない。
- インスタグラムの利用者に主婦層が増えている。
- 自分の興味のある商品を紹介できるので、主婦としての知識や経験を宣伝に活かせる。
- アフターフォローがいらない。

など。

このように、アフィリエイトは初心者、特に主婦にとってはノーリスクでハイリターンになる可能性が十分にあります。

インスタグラムで稼ぐなら、アフィリエイトははずせません。そのために必要なインスタグラムの始め方をさっそく見ていきましょう。

稼げる
インスタの始め方
05

最初が肝心、準備で決まる！稼ぐインスタのための初期設定

インスタグラムで稼ぐ方法の大枠がわかったところで、ここからはインスタグラムを始める前にやるべきことをご紹介します。

何事も準備が大事！　インスタグラムは誰でも始められますが、必ずやっておきたいのが初期設定です。

どんなアカウントにして、どんな投稿をしていくかを決めていくのですが、インスタグラムの運用を例えるなら、アカウントは「自分のお店」、投稿はそこに置いてある「商品」のようなもの。

素敵なお店に欲しい商品がいっぱい並んでいれば、お客さんがたくさん来てくれます。できるだけ多くのお客さんにフォローという「会員登録」をしてもらい、盛り上げてもらうといった具合です。

そのために、最初にきちんと準備をしたり、見てくれる人をイメージしたり、稼ぐためのロードマップを想定し、地固めをしておけば、後々投稿することがないとか、フォロワー数が伸びないとか、収益化に結びつかない、という問題も起きにくくなります。

やっておきたい初期設定は大きく分けて次の４つです。

①ジャンルを決める（Ｐ84〜）
②ライバルを分析する（Ｐ96〜）
③見てくれる人（ターゲット）を設定する（Ｐ99〜）
④アカウントを作成する（Ｐ１０２〜）

それでは、順番に説明していきます！

稼げる
インスタの始め方
06

黒歴史ほど価値がある!?
アカウントのジャンルは「自分の棚卸し」で探し出せ

アカウントのジャンル決めは、インスタグラムを継続していけるかどうか、さらには稼げるかどうかにも大きくかかわる、ものすごく大切な作業です。

ここでは、いくつかのSTEPに分けてジャンルを決めていきましょう。

STEP1　自分の棚卸し

自分の棚卸し、**つまり自分を分析することで、インスタグラムで発信するジャンルや、ネタを発掘します。**

特に「自分には発信できることが何もない」と思っている人ほど、事前の棚卸しは必須です。

人は案外、自分のことが一番わかっていません。

だからこそ、知られざる自分を棚卸ししてみると、ネタのお宝がザクザク出てくるはずなのです。


例えば、今が30代なら高校時代あたりから掘り起こすのがいいでしょう。

その当時悩んでいたこと、その悩みをどうやって乗り越えたか、それに対して今どう思うのか、その経験が今の自分にどんな影響を及ぼしているのか……そんなことをどんどん書き出していきましょう。

脈絡がなくても構いません。とにかく思いついたことをひたすら書いていきます。

中でも、**誰にも知られたくない恥ずかしい失敗談、隠したい黒歴史にこそ価値があります。**

例えば私の場合、消費者金融で100万円の借金をした過去です。

それをどうやって完済したのか、そのおかげで学んだことは何か、そしてそれをどうやって乗り越えてきたのかという歴史こそ、今、同じ立場の人がもっとも知りたい内容になるのです。

また、成功までには至らず、今まさに失敗を乗り越えようと頑張っている人なら、ゴールまでの道のりを途中経過で見せるのも手です。

過去でも、現在進行形でも、悩みがあればそれが誰かのヒントになり得るのです。

STEP2　大ジャンルを決める

大枠のジャンル決めで**重要なのが「HARM」です。**

これは一般的に**マネタイズしやすいと言われる4要素**で、人生の悩みはだいたいこの4つのいずれかに分類されるそうです。

棚卸しを基に、まずは以下の**HARMの中から自分が発信できそうなものを見つけて、それに関連するネタを掘り下げていく**と効率的です。

HARMからジャンルを選ぶ必要があるのは、悩んでいる人が多く、たくさんの人に見てもらえる可能性が高いから。

HARMの4要素

H **Health**
（健康）

A **Ambition**
（キャリア、夢、将来）

R **Relationship**
（人間関係）

M **Money**
（お金）

初期段階からアフィリエイトで稼ぎやすいテーマを発信することで、初めからマネタイズのロードマップが描きやすくなります。

先ほど、自分の棚卸しをしてＨＡＲＭのテーマに沿ってネタを探す、と書きましたが、過去の自分に特別な経験や知識がなかったとしても大丈夫。

そういう人は、自分がゼロから始める過程を発信していけばいいんです。

例えばＨｅａｌｔｈカテゴリの「ダイエット」を選ぶとします。

投稿では、「自分がどうしてダイエットを始めようと思ったのか」から始まり、「今はどんなチャレンジをしているか」「どんなものを食べて、どんな運動をしているか」「つまずいた原因は何か」など、成功に辿り着くまでの記録と体験談を発信してみましょう。

するとダイエットに興味のある人は、「これは効き目があるのね」「こういう失敗もありそう」と、同じ目線でその体験談を参考にしてくれるはずです。

それに、同じ目標を持った人たちがフォロワーさんになってくれれば、「一緒に頑張りましょう」「私もこれで失敗しました」という共感が生まれて、仲間意識も芽生えてきます。

特にインスタグラムでは、**「共感」がフォロワーさんを増やす大事な要素**でもあるので、そのためにも有効です。

STEP3　小ジャンル（テーマ）を決める

HARMから大ジャンルを選んだら、次にテーマを絞りましょう。

例えば大ジャンルで「お金」を選んだら、テーマは「節約」「投資」「お得情報」「家計簿」などに分けられます。

同じお金でも、節約と投資ではターゲットがまったく違うので、自分が発信しやすいテーマを決めておきましょう。

一貫したテーマで発信することは、インスタ運営にとって必要なことなのですが、それはまた後程ご説明します。

STEP4 自分の強みを掛け合わせる

テーマを選んだら、今度はそこに「自分の強み」を掛け合わせていきます。

HARMから選んだテーマは、母数が多いのがメリットです。

その一方で、母数が多いということは、それだけ発信する人、つまりライバルも多いということです。

その中で自分のアカウントに辿り着き、読んでくれて、フォロワーさんになってもらうためには、他の人にはない付加価値が必要です。

私の場合は「整理収納」が基本テーマですが、それに加えて「お金が貯まる」「賃貸暮らし」「子ども4人」「元借金持ち」などの付加価値を掛け合わせて情報を発信しています。

そうやって付けた**付加価値が「自分のアカウント」の強みになり、他との差別化にもなります。**

これは自分の棚卸しをしないとなかなか出てこないので、ぜひ、頑張って探してみてください。

稼げる
インスタの始め方
07

主婦なら暮らし、ママなら育児 生活に密着した経験こそ求められる！

棚卸しをしていろいろ掘り出してはみたものの、どのジャンルもピンとこないという場合、**主婦なら「暮らし」ジャンルをおすすめします。お子さんがいるなら、「子育て」もいい**でしょう。

主婦やママさんであれば、それは誰もが経験していることだし、「掃除がきらいだからこうしている」とか、「子どもが泣いた時の対処法」など、自分の生活に密着した経験が拾いやすいからです。

それに女性は共感の生き物といわれるくらい、共感したり、共通点があることでその人に好意を持ったりするので、フォロワーさんを増やすことにもつながります。

さらに、**暮らしのジャンルで発信する場合、その中でも、掃除なのか、片付けなのか、DIYなのか、より細分化**したほうがフォロワー数も伸びやすくなります。

私のインスタグラムは「暮らし」がテーマですが、掃除については触れていません。発信するのは、整理収納と片付けのみ。

なぜなら、私は掃除についてはよくわからないし、それについて語れないから。

そうやって細分化した方が、本当に必要だと思っている人が情報を探しやすくなり、より自分のアカウントの特徴を打ち出しやすくもなります。

それでも「特別なことは何も出てこない」という人がいるかもしれません。そんな人は、**「自分の常識は他人にとっての非常識」**と考えてみてください。

自分が今まで普通だと思ってやっていたことを周りに言ったら、「え、何それ?」という反応をされたことってありませんか。

私もこの歳になって、「え、これって常識じゃないの?」という気づきは意外とあります。

例えば、掃除する場所ごとにキッチン用、バスルーム用、トイレ用の洗剤を使っていたのに、実は全部ひとつの洗剤でこと足りるとか。

また、さっとよごれを落とすだけで使える食材を、がしがし洗って栄養を損なっていたとか。その逆のケースもありますね。

基本的に「みんなやっていることでしょう」と思っていても、とりあえず全部書き出してみましょう。

その中で改めて他の同じようなアカウントを見てみると、「あれ、私と違う」ということが出てくるはずです。

ぜひ、そうした「非常識」を探してみてください。

稼げる
インスタの始め方
08

「どんなアカウントで何を売るか！」遠回りしない秘訣は稼ぐ目線のジャンル決め

自分のアカウントで何のジャンルで、何をテーマに発信するかを決める際、同時に考えておきたいのがマネタイズのロードマップです。

例えば、「子育てアカウントなら、玩具や教育関連商品」「ダイエットアカウントなら、ダイエット器具や食品」など、**アカウントを見てくれる人に合った商品広告が載せられるかどうか**は、収益化する上で重要なポイントです。

いくらいい商品だと思っても、フォロワーさんたちが望むものでなければ売れません。

私はそれをまったく考えずにアカウントを立ち上げたので、フォロワーさんが増えてもなかなか収益化につながりませんでした。

こうしたことを踏まえ、ジャンル決めの際には、自分が発信できるかどうかと同じように、稼げるジャンルかどうかの見極めもしておきましょう。

具体的には、ASP（P185参照）を覗いてみて、自分のアカウントで想定しているフォロワーさんに合った商品がどのくらいあるか、単価が安すぎないかどうかなどを確認しておくといいでしょう。

そうでなければ、ジャンルの見直しや軌道修正が必要かもしれません。

ただし、フォロワーが10万人以上いたり、熱心なファンの人がたくさんいる場合は、アカウントとは関係のないジャンルでも商品がある程度売れるようになります。

これについてはCHAPTER6で説明しますが、初期段階からある程度の収益化を望むなら、ジャンルは「稼げる」ことを前提に選ぶことをおすすめします。

ジャンル決めまとめ

1

自分の棚卸し

自己分析でジャンルとネタを発掘

2

大ジャンルを決める

「HARM」から発信できそうなジャンル探し

ピンとくるジャンルがなければ、主婦は暮らし、ママは育児がおすすめ

3

小ジャンル(テーマ)を決める

さらに細分化してテーマ決め

フォロワーさんに合った商品があるかどうかもチェック!

4

自分の強みを掛け合わせる

自分の得意や個性で差別化

稼げる
インスタの始め方
09

伸びているアカウントには理由がある！ライバルの成功例をリサーチして最短ルートを辿れ！

投稿するジャンルが決まったら、同じジャンルのどんなアカウントが伸びているか「ライバルのリサーチ」をしましょう。

同じジャンルですでに伸びているということは、そこに需要があるということです。何度も触れていますが、成功者を真似て学ぶのは成功への最短ルート。伸びている人たちの傾向を知り、いいな、と思ったことはどんどん取り入れていきましょう。

まず、そのアカウントが伸びているかどうかは、以下の手順で確認してみてください。

- **フォロワー1〜5万人のアカウントかどうか**

それ以上のフォロワー数になると、そのアカウントが伸びていたのは数年前の可能性もあるので、1～5万人を目安に探します。

・**投稿開始から1年以内のアカウントかどうか**

調べる方法は、2つあります。

①アカウント作成日から確認。

プロフィール画面の…→このアカウントについて→利用開始日から確認できます。

②最初の投稿に遡って確認。

アカウント作成から初投稿まで間が開く場合もあるため。もしくは、365投稿以内かどうかも目安になります（毎日投稿していれば、1年で365投稿になるため）。

なごみー流　競合リサーチ法

STEP1　ハッシュタグ検索

①自分のジャンルに関連するハッシュタグを検索。

「ダイエット」「美容」などハッシュタグの件数が1000万件超えの大きすぎるジャンルは、「ダイエット＋産後」など、より具体的なジャンルに絞る。

②上位表示投稿のプロフィール or 上位表示アカウントに飛ぶ。

③②の中でフォロワー1～5万人のアカウントをリストアップ。

④リストアップしたアカウントで、マークを押すと「おすすめ」として類似アカウントが出てくるので、さらにそのアカウントがフォローしている人の中から探す。

STEP2 競合アカウントのコンセプトを洗い出す

①誰の ②どんな悩みを ③どうやって解決しているのかを分析しましょう。

- 誰に向けた発信をしているか？
- そのアカウントならではの強みや弱みは？
- そのアカウントを見ることでフォロワーさんが得られているメリットは？
- そのアカウントが紹介しているアフィリエイト商品は？（ハイライトなどで確認）

稼げるインスタの始め方

10

誰に届けたいかターゲットを設定せよ！

おすすめは「過去の自分」

インスタグラムで稼ぐなら、ジャンル決めと同じく、アカウントをどんな人に見てもらうかという、「ターゲット設定」が必要だということもよく知られています。想定したターゲットが求めているものが何か、そこに響く発信ができているかを考えるためです。

私の場合はいつも、過去の自分を救うつもりで投稿しています。それが一番想像しやすいターゲットだったから。

こんなことに悩んでいたな、あの時にこれを知っていたらもっと楽だったのに、と考

える と、ネタもどんどん出てきます。「こんな人に届けたい」という**明確なターゲットが思い浮かばなければ、「過去の自分」を対象に考えるのがおすすめです。**

インスタグラム投稿で大切なのは、フォロワーさんにとって価値ある情報を届けること。ターゲットを想定していれば、自分の発信している情報が画面の向こうで今、悩んでいる誰かの役に立つ、ちょっと救われる、参考になるような「価値提供ができているか」も考慮することができます。

それさえ忘れなければ、投稿内容が「誰の役にも立たない単なる記録」になることもありません。

さらに、**「自分のアカウントを見ることでフォロワーさんにどうなって欲しいか、どのステージまで進んでいって欲しいか」も考えておけるとベストです。**

例えば過去の私をターゲットにした場合、「借金100万円」の自分を救うために、「借金をなくし、家計を改善するのに有効な情報」をせっせと投稿します。

「借金まみれの自分」を救うべく、価値ある情報提供をし続けるうちに借金がなくなって、返済していた分が貯蓄に回せるようになったら、今度は「貯蓄や収入を増やすための情報提供」に舵を切ります。

こうしてターゲットが明確であれば、フォロワーさんの抱えている問題を解決しながら、さらによりよい未来に導くための情報を提供することができます。

同時に、フォロワーさんがいるフェーズ（家計を整えている途中なのか、貯蓄が増えてきた段階なのか）によって、その時々で役に立つ商品を紹介すれば、お互いにウィンウィンな関係が作れるのです。

フォロワーさんに合った価値を提供するためにも、ぜひ、ターゲット設定は明確にしておきましょう。

アカウントステップアップのロードマップ

なごみーの例

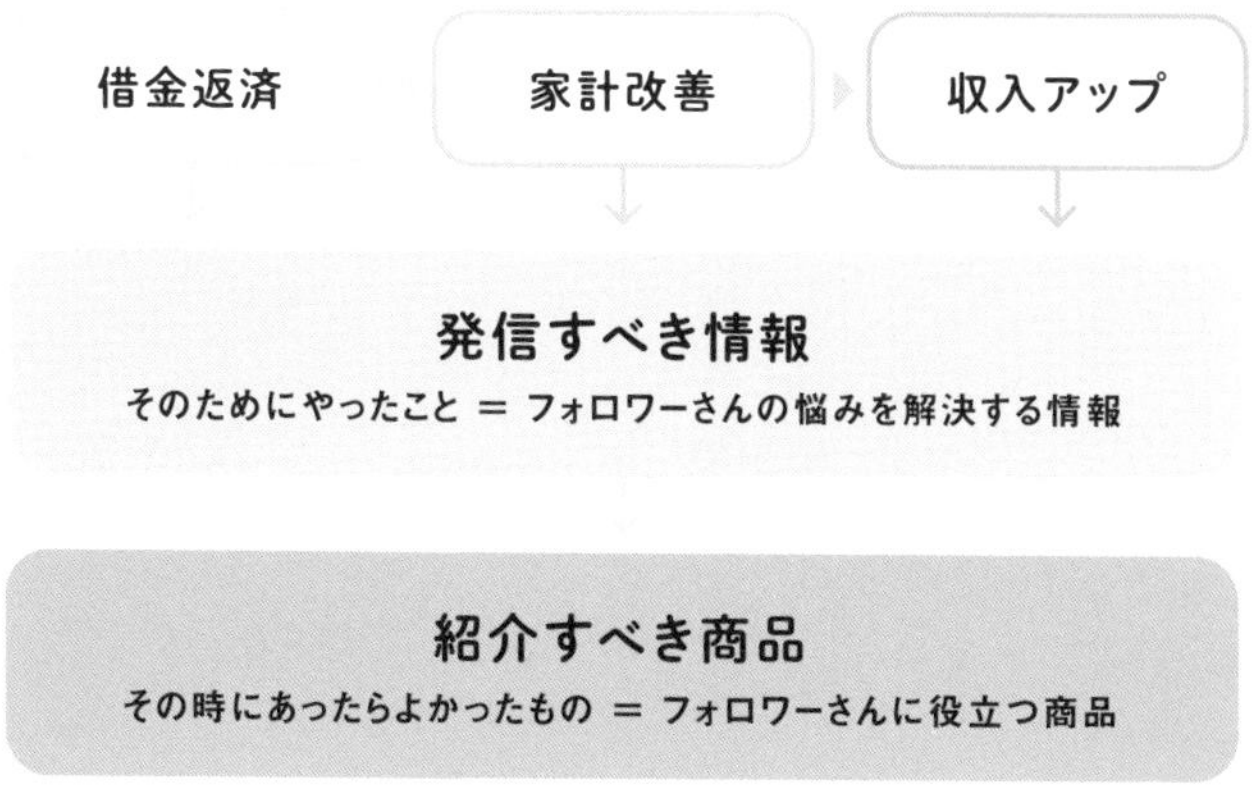

借金返済　家計改善 → 収入アップ

発信すべき情報
そのためにやったこと ＝ フォロワーさんの悩みを解決する情報

紹介すべき商品
その時にあったらよかったもの ＝ フォロワーさんに役立つ商品

稼げる
インスタの始め方

11

稼ぐための投稿は心機一転 プロアカウントで再スタートすべし!

ターゲットまで設定したら、次はいよいよ「アカウントを作成」していきましょう。

この時、すでに自分の個人アカウントを持っている人でも、**新しいアカウントを作って、それを「プロアカウント(=ビジネス用のアカウント)」に**してください。

なぜなら、収益化を目的としていなければ、既存のアカウントは大体の場合、日々の記録や個人的なつぶやきの日記などになっているからです。

それをそのまま「プロアカウント」に変更しても、インスタグラムが「これから発信していくジャンル」を認識しづらくなってしまいます。

そしてもうひとつ、プロアカウントにする理由は、**インスタグラムの「インサイト」**

が使えるようになるからです。

インサイトとは、自分のアカウントを分析できるページで、フォロワーさんの年齢や性別、地域などの他、どんな投稿が人気なのか、どんな人が見てくれているのかがわかり、フォロワー数を伸ばす手掛かりやアカウント運用の改善にも役立ちます。

プロアカウントの制作はごく簡単。設定から「プロアカウントに切り替える」だけで完了です。アカウントを作る際は、忘れずに「プロアカウント」にしておきましょう。

プロアカウントに切り替える方法

右上の三本線（メニューボタン）をタップ

プロフェッショナル欄の「アカウントの種類とツール」をタップ

「プロアカウントに切り替える」をタップ

当てはまるカテゴリを選ぶ

「クリエイター」か「ビジネス」のいずれかを選択

※「クリエイター」「ビジネス」のいずれもインサイトは見られます。選び方としては、発信者が個人の場合は「クリエイター」、会社などの組織の場合は「ビジネス」が一般的です。稼ぐインスタグラマーを目指すなら、「クリエイター」を選びましょう。

プロフィール画面の基本構成

ここで、自分の投稿一覧が表示される「プロフィール画面」の構成を見てみましょう！

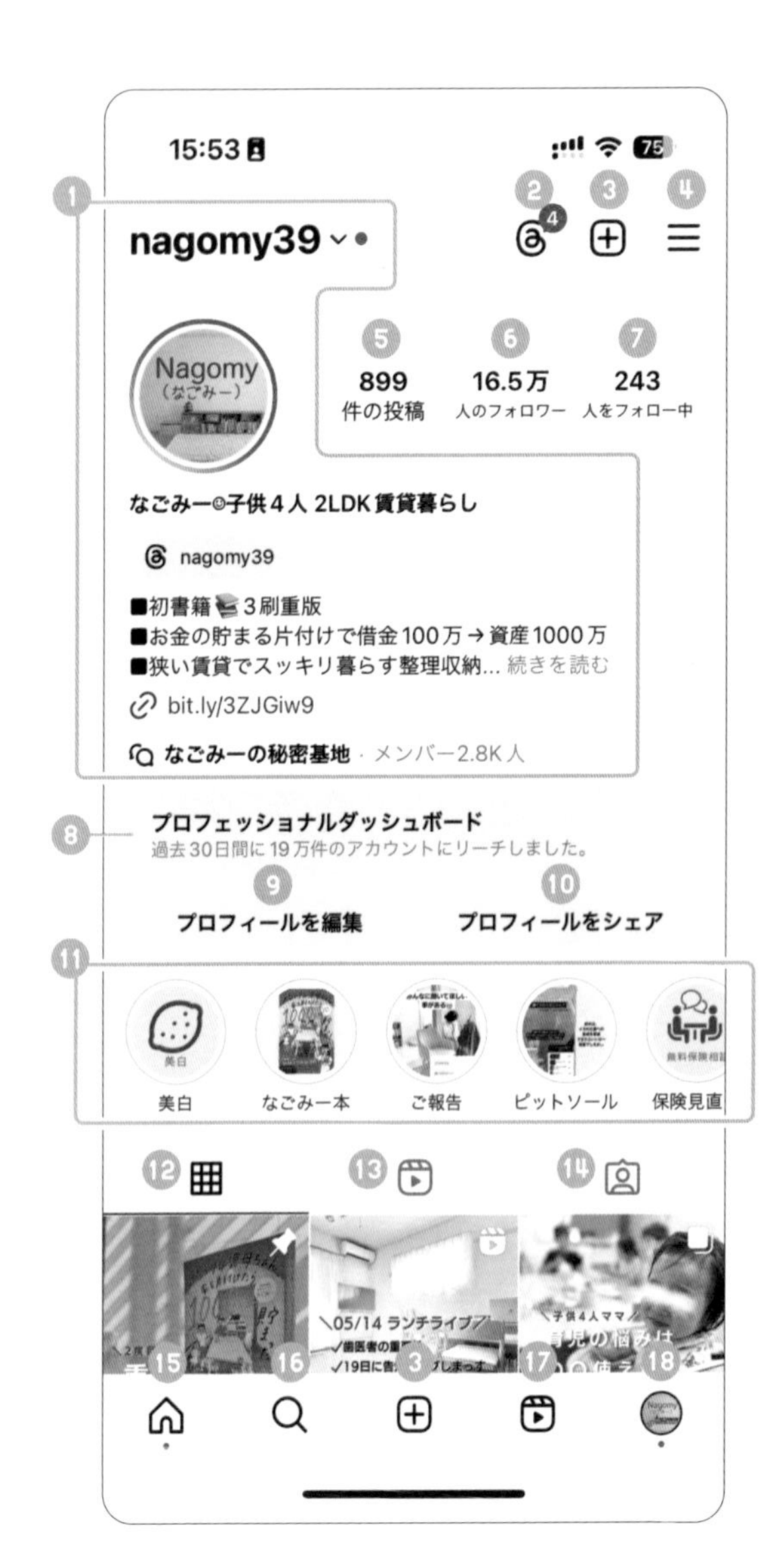

① プロフィール欄
（詳しくはP106へ）

② スレッズ
インストールしていれば
「Threads」アプリが開く

③ 作成ボタン
投稿作成、
インスタライブなどができる

④ 設定ボタン
各種設定や保存済み投稿に
アクセスできる

⑤ 投稿数
自分の投稿数が表示される

⑥ フォロワー数
フォローされている数が表示される

⑦ フォロー数
フォローしている数が表示される

⑧ プロフェッショナルボード
インサイトの確認、
広告作成などができる

⑨ プロフィールを編集
ここから
プロフィールの編集ができる

⑩ プロフィールをシェア
自分のアカウントのQRや
リンクが表示される

⑪ ハイライト
ストーリーズ投稿を残しておける

⑫ フィード投稿一覧
自分の投稿一覧が表示される

⑬ リール動画一覧
自分のリール一覧が表示される

⑭ タグ付け投稿一覧
タグ付けされた
投稿一覧が表示される

⑮ ホーム
フォローしたアカウントやおすすめの
投稿が表示される
フィード（タイムライン）ともいわれる

⑯ 検索&発見タブ
検索欄と発見タブが表示される

⑰ リール投稿
フォローしたアカウントやおすすめの
リール投稿が表示される

⑱ プロフィールアイコン
自分のプロフィール画面が
表示される

稼げる
インスタの始め方
12

フォローしてもらえるかは ここで決まる！ 無敵のプロフィール設計

プロフィールとは、言うなればアカウントの看板です。「発信している人が他にどんな投稿をしているのか」を知りたいと思ってくれた人だけが訪れる場所。

せっかく発信者に興味を持ってくれたとしても、プロフィールがイマイチだとフォローするメリットが伝わらず、二度とアカウントを訪れてくれないなど、せっかくのチャンスを逃してしまうことにもなりかねません。

つまり、**フォロワーになってくれるかどうかの登竜門がプロフィール**なのです。

プロフィール作りにもちょっとしたコツがあります。

具体的な作り方のポイントは次で紹介しているので、参考にしてみてください。

アカウントを作る際にはぜひ、魅力的なプロフィールでフォロワーさんを増やしましょう。

ただし、プロフィールは大事なポイントではありますが、初めから完璧を目指さなくて大丈夫。「ちょっと違うな」と思ったら、**アカウントを運用しながら改善していけばいい**のです。

肝心なのは、まず作って始めてみること。「やりながら、覚える」が最短で成功する秘訣です。

❶ nagomy39

❷

899 件の投稿
16.5万 人のフォロワー
243 人をフォロー中

❸ **なごみー☺子供4人 2LDK賃貸暮らし**

nagomy39

❹
■初書籍📚3刷重版
■お金の貯まる片付けで借金100万→資産1000万
■狭い賃貸でスッキリ暮らす整理収納... 続きを読む

❶ユーザーネーム（ID）、❷アイコン、❸名前、❹プロフィール文

魅力的なプロフィールの作り方

① ユーザーネーム（ID）

ユーザーネームは後から変更することもできますが、アカウントのURLも変更になってしまうので、二度と変えないつもりでつけましょう。決め方は**「名前」＋発信ジャンルがおすすめ**です。

○ わかりやすい、覚えやすい、親しみやすい、検索にかかりやすい

例）発信ジャンル：暮らし系
name_lifestyle、name.simplelife
name_katazuke、name.diy など。

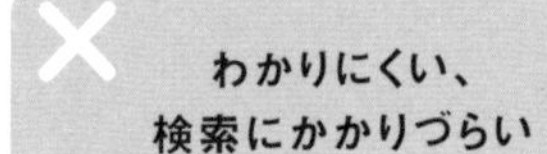

× わかりにくい、検索にかかりづらい

name___diet
→記号の羅列、特にアンダーバーはいくつ入っているのかわかりづらい。
name_8733091
→ランダムな数字は覚えにくい。

② アイコン

アイコン＝アカウントの顔。ユーザーネーム（ID）同様、一度設定したアイコンは二度と変えないつもりで決めておきましょう。フォロワーさんはあなたのアカウントをアイコンで覚えているため、「名前よりアイコンの方が大事」といっても過言ではありません。ポイントは以下の3つです。

シンプルにする

- **背景はすっきり**
- **自分の顔や後ろ姿、キャラクターをひとつだけドンと入れる**

✖漫画やアニメのキャラクターは著作権侵害になります。イラストにしたいなら、「ココナラ」などでオリジナルを描いてもらいましょう。

発信内容が一目でわかる

- **発信ジャンルに合った服装**
- **発信内容や名前の文字を入れる**

○ ダイエットアカウントならスポーツウェア、レシピアカウントならエプロン姿など。

テーマカラーを決める

- **背景を自分のテーマカラーにする**

○ 投稿の1枚目もテーマカラーで統一すると「この色といえば、この人」と、より覚えてもらいやすくなります。

③ 名前

どんなアカウントかが一目でわかるもので、これも①と同様、**「名前」＋発信ジャンルがおすすめ**です。名前の横に書く発信テーマは後から変えても問題なし。

○ 名前と発信ジャンルの間に「｜」などで区切りをつける

なごみー｜お金の貯まる片付け
なごみー｜賃貸DIYですっきり暮らし
なごみー｜片付けのおかげで夫婦仲改善
など。

× 読みにくい英語、「ちゃん」や「くん」をつける

Nagomy｜子ども4人賃貸暮らし
→私の以前の名前です。何と読むのかわかりづらい。
なごちゃん｜子ども4人賃貸暮らし
→DMやコメントをいただく時、非常に呼びにくく、「なごちゃんさん、こんにちは!」となるので避けたい。

④ プロフィール文

プロフィール文＝アカウントの履歴書だと考えてください。3秒くらいしか見てもらえないので、いかに端的に、わかりやすく、シンプルに伝えるかが大切です。盛り込みたいのは、以下の3つです。

どういう発信者か

コメントやDMで聞かれることが多いものを入れます。

○ 子育てジャンル→子どもの人数や年齢、暮らしジャンル→家の間取りや築年数、旅行ジャンル→自分の年齢＋誰と行くのか、など。

得られるメリット

あなたの投稿を見ることで得られるメリット（理想の未来）を書きましょう。

○「お金の貯まる片付けで資産1000万円」「インスタ在宅ワークで子どもにおかえりが言える環境に」「頑張らないレシピで自分も家族も健康に」など。

あなたの権威性

発信ジャンルに関する専門性をアピールできる一文をひとつ加えておきましょう。

○「借金100万円から資産1000万円」「腸活1年でマイナス10kg」など、発信内容に関連する資格や実績など。

※その他、細かいテクニックとして、①箇条書きにする、②改行で読みやすく、③1文章につき1行で書き切る、④3行目までに全力投球、と覚えておきましょう。

COLUMN 03

インスタグラム基本用語集

インスタグラムを使っているとよく耳にする、基本的な用語をまとめてみました！
この機会におさらいしてみてください。

フォロワー
アカウントをフォローしているユーザー。

フォロー
気に入ったアカウントを登録する機能。フォローしたアカウントの投稿が自分のタイムラインに表示される。

プロフィール
アカウントに関する情報が載っている箇所。アカウントの目的や魅力を伝える大切な役割を持つ。

ポスト
投稿と同じ意味。

メンション
フィードやストーリーズで「@＋ユーザー名」を入力することで、特定のユーザーに通知される機能。

リーチ
投稿を見たユーザー数。投稿が何人のユーザーに見られたかを示すのがリーチ数。

リール
最長90秒間の動画を投稿できる機能。フォロワー以外に表示されることがあり、新規フォロワー獲得にも有効。

リポスト
他の人の投稿を自分のアカウントでシェアして投稿すること。

タイムライン
ホームマークをタップすると、フォローしている人やおすすめの投稿が表示される。

ダイレクトメッセージ（DM）
特定の相手と個別にやり取りを行う機能。チャットやビデオ通話も可能。

タグ付け
投稿した画像や動画上に他のアカウントのリンクを表示させる機能のことで、そのアカウントに飛べる。

ハイライト
24時間後に消えてしまうストーリーズをプロフィール上に保存できる機能。

発見タブ
ユーザーの閲覧履歴に応じておすすめのアカウントが表示されるリコメンド機能。新規フォロワー獲得に有効。

ハッシュタグ
「#○○」と表示されるタグ。キーワード検索で引っかかりやすくなる。

フィード
ホームや発見タブ、タイムライン上に表示される投稿。最大10枚で構成される。

アーカイブ機能
自分の投稿を非表示にする機能。

アルゴリズム
ユーザーが興味を持ちそうな投稿を上位に表示させる仕組み。それを理解することで、投稿が多くのユーザーに届きやすくなったり、フォロワーが増えやすくなる。

インサイト
アカウントの分析ツール。プロアカウントに切り替えることで使用可能に。

インスタライブ
インスタグラムで利用できるライブ配信。コメント欄でリアルタイムのコミュニケーションもできる。

キャプション
投稿に付ける説明文。最大2200文字まで入力できる。

シェア
投稿を他のユーザーに共有・拡散できる機能。他のSNSやブログと共有することもできる。

ストーリーズ
写真や動画を24時間限定で表示できる機能。スタンプやURLを貼ることもできる。

CHAPTER 4

A SLOPPY MOTHER WHO EARNED
1 MILLION YEN A MONTH
BY WORKING FROM HOME

なごみー流
インスタ運用法
01

インスタグラムを楽しむためにもフォロワーを増やせ！
目指すは1年で1万人

本章ではいよいよ、アカウントを開設してからの発信の仕方と、フォロワーさんを増やす方法についてお話します。

そもそもなぜフォロワーさんを増やす必要があるのでしょうか。それは、アフィリエイトをする上で、それなりの分母が必要になるからです。とはいえ、数を増やすことだけに注力していても、それはそれで稼ぐことにはつながりません。

フォロワー数を増やしつつ、稼ぐための導線も一緒に考えていく必要がありますが、ここでは、「分母ってどういうこと？」という方のために、フォロワー数とアフィリエイトでの収益化について解説します。

例えば100人が広告を見てくれたとしても、100人全員に売れるわけではありません。アフィリエイトの場合、閲覧数やクリック数に対して、大体5％売れれば「かなり売れた！」という状況です。

これを私のアカウントで見ると、フォロワーさんは16万人いても、ストーリーズを見てくれる人は多い時で4〜5万人ほど。少ないと1万人をやっと超えるくらい。

さらにその1万人の中で広告をクリックしてくれる人はもっと減るし、その中で商品を購入してくれる人はさらに少なくなります。

そう考えると、**「自分がこのくらい稼ぎたい」という目標に対してそれなりの母数が必要**になり、より多くの人に見てもらった方が売り上げが上がるのです。

だからこそ、最初にすべきことはフォロワーさんをある程度増やすことであり、そのための工夫が必要になってくるわけです。

広告収入以外にも、**フォロワーさんがたくさん増えれば何よりやる気にもつながり、交流も楽しくなってくるはず**です。早くそうなるように、まずは1年以内に1万人のフォロワーさんを目標に投稿していきましょう！

なごみー流インスタ運用法 02

アルゴリズムに気に入られてインスタの推しになれ！ まずは、フォロワー1000人の壁を突破！

いざ、インスタグラムで発信を始めよう！と思っても、やり方がわからない。立ち上げたところで、フォロワーさんは増えないし、稼ぐこともままならない。

そう、何事も**0から1が一番難しい**のです。

でも、1になってしまえば、その後10へ行くのも、その先の100に行くのも、よほど簡単。

だからこそ、始める前にしっかり初期設定をして、0から1までのステップをなるべく低くする準備が大切なのです。

もちろん、しっかり初期設定をしてアカウントを開設しても、有名人でもなければすぐにフォロワーさんが増えるわけではありません。

そこで**まずは、フォロワー1000人を目指しましょう**。この1000人の壁を越えることは、始めたばかりの人にとってもっとも大きな試練です。

そのために知っておきたいインスタグラムの仕組みについて簡単に説明します。

まず、フォロワーさんを増やすためには、インスタグラムから**いいアカウントだと評価されて、おすすめしてもらう必要があります**。

前述のお店の例でいえば、インスタグラムは「商店街」のようなもので、注目度の高い人気商品で、お客さんをたくさん集めてくれるいいお店を応援してくれるのです。

この時、アカウントを評価しているのが、「アルゴリズム」というものです。

アルゴリズムは、人気の投稿や、よくコミュニケーションを取ることで**「見ている人の滞在時間を延ばしてくれるアカウント」を評価する**ようです。

評価されると、**「発見タブ」にたくさん表示され、見つけてもらいやすくなって、新しいフォロワーさんが増えるという仕組み。**つまり、「発見タブに載らないことにはフォロワー数が伸びない」ということです。

そのために、アカウントを開設したら、まずは生まれたばかりの**新参者のアカウントのジャンルを、アルゴリズムに認識してもらう**必要があります。

例えば「暮らしや片付けについて発信しているアカウントだ」と認識してもらうことで、そのジャンルに興味がある人の発見タブに載るのです。

CHAPTER3で説明したように、一貫したテーマで発信するための**ジャンル選びが、発見タブに載る＝フォロワー数を伸ばすことにつながる重要な要素**なのです。

といっても、それほど難しいことをする必要はありません。

アカウントを開設したらこれから説明する要領で、投稿を毎日せっせとアップする、これだけです。

アルゴリズムがどのくらいで認識してくれるのかは正確にはわかりませんが、インサイト（自分のアカウントを分析するページ）の「インプレッション」欄に「発見」という項目があれば、「自分のアカウントが露出し始めた」ということです。

それを積み重ねていくうちにアカウントが育ち、1000人の壁も突破できているはずです！

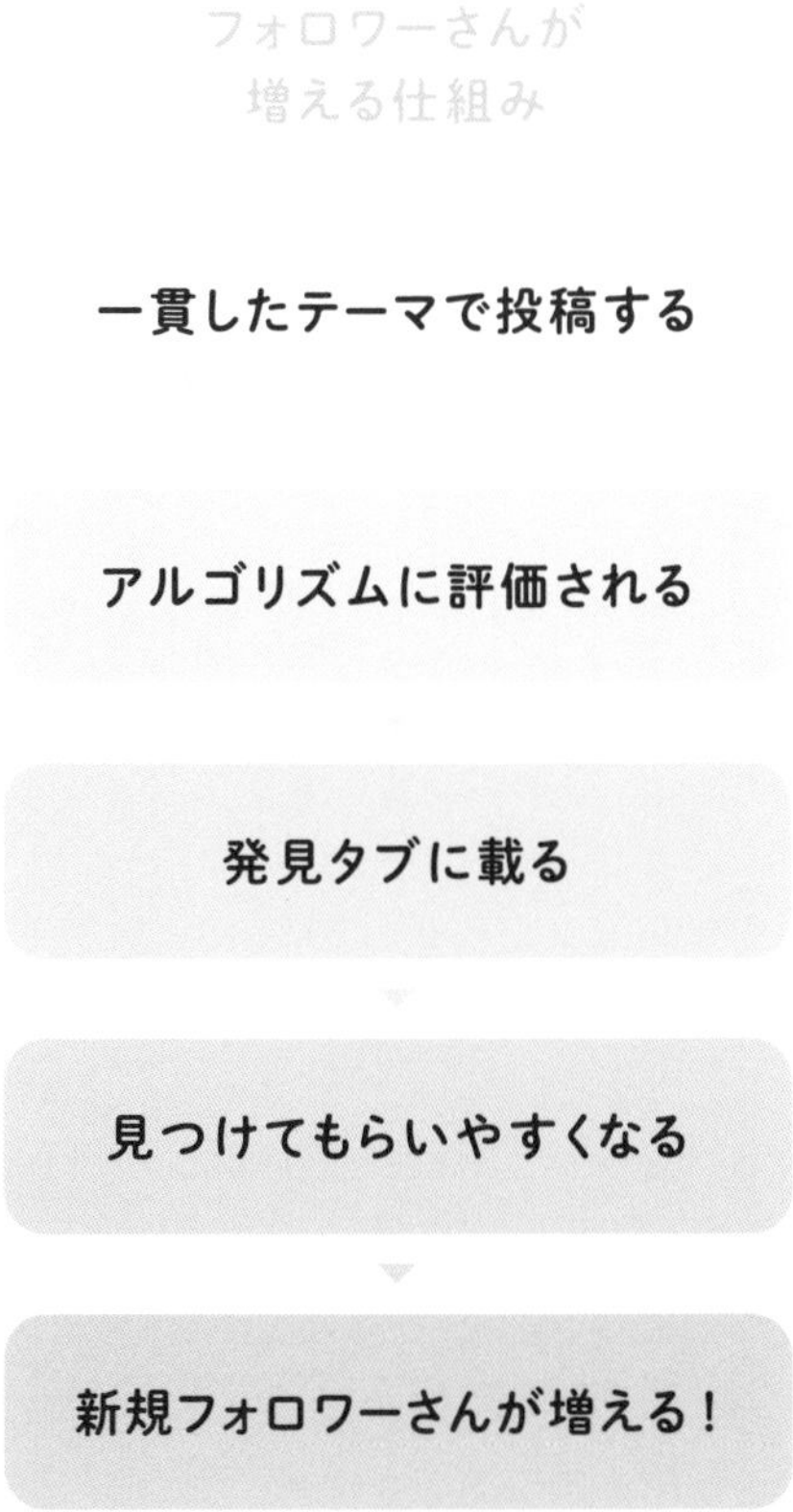

フォロワーさんが増える仕組み

一貫したテーマで投稿する

▼

アルゴリズムに評価される

▼

発見タブに載る

▼

見つけてもらいやすくなる

▼

新規フォロワーさんが増える！

なごみー流
インスタ運用法
03

毎日投稿で価値提供
見てくれる人と真摯に向き合い好循環を生み出そう！

私がフォロワーさんを増やすためにやってきたのは、フォロワーさんの役に立つ情報を提供すること、できるだけ毎日投稿すること、コメントやDMはできるだけ返し、反応のいいコンテンツを多めに出していくことです。

①出し惜しみせずに価値ある情報をお届けする

何度も言いますが、フォロワー数を伸ばすのに必要なのは、**見ている人に役立つ、価値のある情報をお届けすること**です。

画面の向こう側の人が、「役に立った」「参考になった」「そんなこと知らなかった」と思うような情報を、惜しみなくどんどん出していきましょう。

最初に設定した「フォロワーさんをどこへ連れていくか」を念頭に、そこからブレずに価値提供さえ続けていれば、ファンはどんどん増えていきます。

②毎日投稿する

アカウントを立ち上げたばかりの時は、毎日投稿が基本です。

インスタグラムのアルゴリズムにジャンルを認識させるためにも、初めのうちはできるだけ頑張って毎日投稿するようにしましょう。

役に立つ投稿が増えるほど、フォロワーさんにも喜ばれます。

ただし、毎日投稿することの方が目的になってしまい、ただの記録や日記など、見ている人の役に立たない投稿を続けていたら逆効果です。

毎日投稿が難しければ、1日おきなど、なるべく定期的に投稿しましょう。

そのサイクルで定期的に投稿していけば、「このアカウントは2日に一度、新しい投稿がある」と見る人にもわかってもらえます。

この時、キーワード検索からも見つけてもらえるように、ハッシュタグも固定を5個程度作り、それ以外は投稿内容に合わせて変えてみましょう。

③コメントやDMはできるだけ返す

インスタグラムは双方向のコミュニケーションが大事なSNSなので、**余力があればコメントやDMにはなるべく返信しておきましょう。**

アカウントを開設して初期の頃は、コメントが1件くればラッキーくらいの頻度なので、最初のうちはコメント制限などはせず、来たコメントにはどんどん返信しましょう。

そうすれば、その人があなたのファンになってくれるかもしれません。

そして、その返信コメントを見てくれた人が、「返事が素敵だわ」と思ってくれることもあるかもしれません。

そうやって一人ひとり丁寧に対応していけば、草の根的にファンになってくれる人が増えてきます。

ただ、アカウントが成長してきてコメント数が増えてくると、すべてに返信するのは難しくなってくるので、私の場合、フォロワーさんが1万人になったあたりからコメントはフォロワーさん限定にしました。

DMについても同様に、「こんな私にDMをくれたくらいだから、すごく悩んでいるんだろうな」と思って、今でもなるべく返すようにしています。

それに、**コメントやDMに返信していくことで、フォロワーさんとのコミュニケーションスキルも上がり**ました。

聞かれたことに対してきちんと説明できる**言語化能力やコンサル能力も身についてきた**と思います。

コメントやDMで同じ質問をされることが多くなってきたら、それは「みんなが悩んでいる」ことでもあります。その場合は、返信の代わりに悩みを解決するコンテンツとして投稿すれば、フォロワーさんにとっても必要な情報になるでしょう。

そうやってひとりずつ、ひとつずつ、真摯に向き合っていくことで好循環が生まれ、フォロワーさんも増えてくれれば、さらに発信が楽しくなります。

なごみー流
インスタ運用法
04

初期投資は必要ナシ！
スモールスタートでまずは走り出せ！

CHAPTER1でも書きましたが、インスタグラムはスマートフォンさえあれば始められます。

アカウントの制作やライティング、画像や動画の撮影も、すべてスマートフォン1台で完結します。

画像や動画を作るのに必要な加工アプリや動画編集アプリも、ほとんどがスマートフォンでも使えます。しかも無料で。初めの装備は、それで十分。

アカウントを立ち上げて、投稿作りやアプリの使い方に慣れ、半年ほど継続してみて、「インスタグラムの運用は私に合っているな」「これなら頑張っていけそうだな」と思ったら、パソコンの購入を考えたり、無料版よりいろいろなことができる有料版のアプリの使用を考えればいいのです。

持っていなければ、**パソコンは立ち上げのスタートダッシュ時にあえて用意する必要はありません**が、慣れてきたら、もっと簡単にできて画面も大きく、操作しやすいので必要になってくるでしょう。

それに、在宅ワーカーとしてインスタグラムで稼ぐのであれば、報酬が発生するステップで依頼書やら請求書やらを作る必要も出てきます。ただし、これはあくまでも第２段階です。

インスタグラムを続けていく過程で、そろそろスマートフォンだけでは難しいな、と思ったら考えればいいと思います。

ちなみに私の場合、ｉＰｈｏｎｅでアカウントを作って投稿しながら、今後のためにと母の古いパソコンをもらい受け、タイピングは無料のタイピングゲームで習得しました。

また、暮らし系のように投稿の写真を撮るなら、**三脚は必要**です。

今はアップルウォッチと連動させて撮っていますが、初めのうちは後ろからとか、横からのカットはタイマーで撮ったり、息子がいる時は息子に撮ってもらったりしていました。

これも最初のうちはタイマー機能で頑張ってみて、レンズの高さが足りなければ本やら箱やらで調節するなどあるもので代用し、どうしても必要になったら買えばいいと思います。

今は三脚も百円均一で売っているので、最初はそれで試してみてもいいかもしれません。

それよりも**重要なのは、画質**です。

インスタグラムの写真は、当時もっとも画質のよかったｉＰｈｏｎｅで撮っていたのですが、どうも他のアカウントと比べると劣っているのが気になりました。

そこで、他のインスタグラマーさんたちに聞いてみると、「設定を変えている」ことがわ

私が使っている三脚。後ろや横からのカットや動画撮影に大活躍。

かりました。

それまで私は、iPhoneの基本の設定(だいたい中位の画質)で撮っていたので、画像も動画も、一番高い画質に設定を変更したら、ずいぶん見栄えがよくなりました(iPhoneの場合は、設定→カメラから変更できます)。

インスタグラムはビジュアルがものをいうメディアなので、これから始める人はぜひ、最初から最高画質で写真や動画を撮ることをおすすめします。

ただ画質を上げると、保存容量もハンパない。最初のうちは無料の「Googleフォト」を使ってストックしていましたが、今は課金して「iCloud」に保存しています。

もちろんこれも最初からお金をかける必要はなく、「これでやっていける」と思ったらiCloudに移行すればいいでしょう。

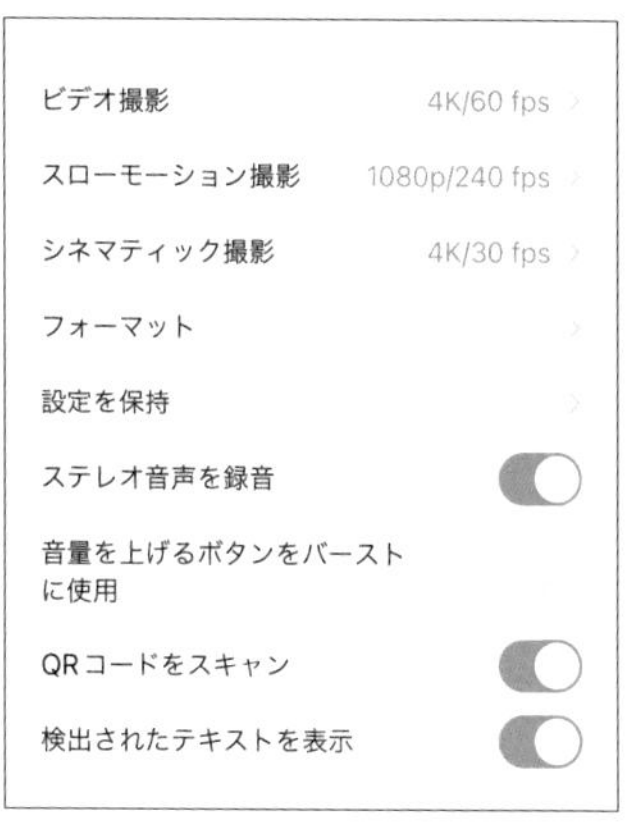

カメラの設定画面。数値の意味がわからなくても、とりあえず値が一番大きい項目にしておけばOK。

投稿制作に**おすすめのアプリは「Ｃａｎｖａ」**です。これひとつで、インスタグラムの制作に必要なすべての作業がまかなえるし、スマートフォンでもパソコンでも使えます。テンプレート（デザインフォーマット）もいろいろそろっていて、投稿を作るなら、テンプレートを選んで、文字と写真を変えるだけ。年賀状の制作ソフトを思い浮かべるとわかりやすいかもしれません。

課金しないと使えない素材もありますが、これも初めのうちは無料版で大丈夫。

私もしばらくは**Ｃａｎｖａを使って**、その後**Ｃａｎｖａプロという有料版に変えました。**

リールを投稿するなら、動画編集アプリも必須です。

フォロワーさんの数を伸ばすなら、より広い層にアプローチできるリール投稿もゆくゆくは必要になっていきます。

リール作りには「ＶＬＬＯ」というアプリを使っていて、こちらも最初は無料版を、その後、有料版に移行しました。

動画編集アプリは、他に「ＣａｐＣｕｔ」がおすすめで、こちらも無料版（商用利用

※「CapCut」の有料版である「CapCut for Bussiness」は商用利用（営利目的での使用）も可能ですが、すべてが商用利用できるわけではありません。利用の際はガイドラインを遵守しましょう。

NG）と※有料版が用意されています。

ちなみに、ＣａｎｖａやＶＬＬＯなどのアプリの使い方は、基本操作を教えてくれる「チュートリアル」をやれば大体のことがわかってきます。それでもわからないところは、ググれば即解決です。

そうやって走りながら調べていけば、ほとんどつまずくことはありません。

ライティングスキルはもちろんあった方がいいし、実際、文章力や構成力がないとフォロワー数は伸びません。ただし、それは高度なテクニックではなく、ごく簡単なコツさえわかれば誰でも書けるもの。詳細は後ほど解説します。

インスタグラムで稼ぐことに興味を持ったら、スマートフォンにアプリをダウンロードすれば準備はＯＫ。

最初はあえてリスクをとらず、スモールスタートから始めましょう！

なごみー流
インスタ運用法
05

隙間時間にネタ集め スタートダッシュは ストック10本で毎日投稿！

インスタグラムの価値はネタありき。ネタがないことには何も始まりません。

とはいえ、慣れないうちはどうしても手が止まってしまうので、**これから始める人はまず、ネタを10個程度書き出して、あらかじめ投稿するための台本（どんなネタをどんな順番で投稿するかを書き出したもの）を作っておきましょう。**


ネタを基に投稿を作っておけば、初めの10日間はアップするだけで毎日投稿できるし、その間にまた「次のネタを考えて作る」を繰り返していけばストックは絶えません。

この、「できるだけ毎日ネタを考えて、時間のある時に投稿の形にして、ストックを常に切らさない状態」にしておくのがベストです。

そうやって10投稿ストック状態を続けることで、投稿作りの操作やネタ集めにも慣れてくるはずです。

ネタは、思いついた時にすぐメモしておくのがポイントです。

メモに起こしておくのは、「ネタを溜めておく」ことと、「頭の中で漠然と思っていることを言語化する」意味もあります。

私はいつもｉＰｈｏｎｅの純正メモアプリに書き留めています。

日常的に「あ、このネタ使えそう！」と思うことは箇条書きでメモしておいて、時間がある時に、それを深掘りした内容に膨らませておきます。

後で見直して、「これだと少し内容が薄いかな」と思ったらそれに補足して、最終的に構成（台本）の形にしておきます。

そうすれば、メモアプリからＣａｎｖａにコピペして投稿用の画像や動画に編集したら、インスタグラムにアップするだけで完了！

これなら30分くらいでパパッとできちゃいます。

写真も同様に、投稿内容に合わせた写真や、使えそうなものを撮り溜めておけば、投稿のたびに撮影する手間もありません。

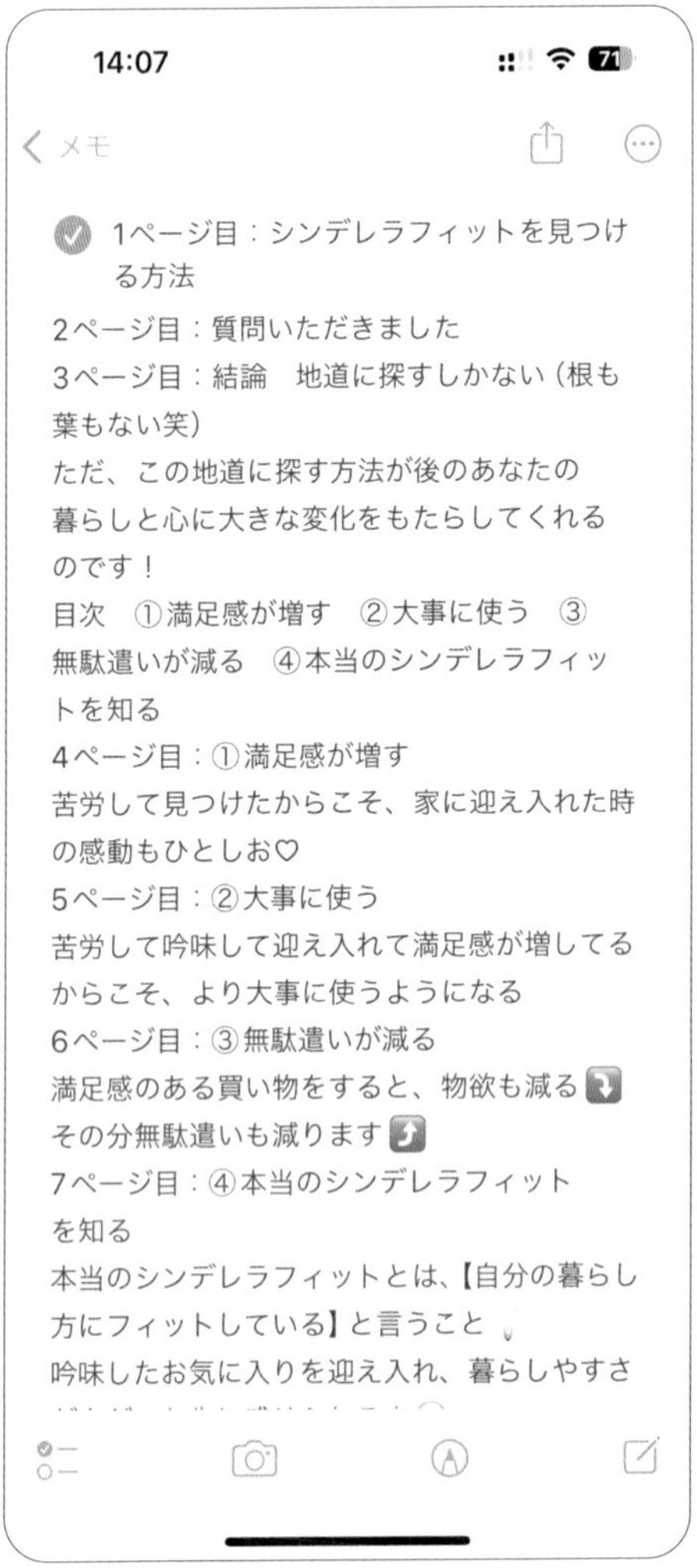

14:07

メモ

1ページ目：シンデレラフィットを見つける方法
2ページ目：質問いただきました
3ページ目：結論　地道に探すしかない（根も葉もない笑）
ただ、この地道に探す方法が後のあなたの暮らしと心に大きな変化をもたらしてくれるのです！
目次　①満足感が増す　②大事に使う　③無駄遣いが減る　④本当のシンデレラフィットを知る
4ページ目：①満足感が増す
苦労して見つけたからこそ、家に迎え入れた時の感動もひとしお♡
5ページ目：②大事に使う
苦労して吟味して迎え入れて満足感が増してるからこそ、より大事に使うようになる
6ページ目：③無駄遣いが減る
満足感のある買い物をすると、物欲も減る⤵️
その分無駄遣いも減ります⤴️
7ページ目：④本当のシンデレラフィットを知る
本当のシンデレラフィットとは、【自分の暮らし方にフィットしている】と言うこと
吟味したお気に入りを迎え入れ、暮らしやすさ

投稿内容をメモしたiPhoneのメモアプリ。思いついたネタはその都度メモしておき、時間のある時にそれを肉付けしていきます。こちらを基に制作したのが、p140～紹介する投稿です。

なごみー流
インスタ運用法
06

斬新！ 共感！ 統一感！
脱！ 単なる記録
投稿に必要な6要素を押さえるべし

「ネタは集めたけれど、投稿にするのは難しそう」と思うかもしれませんが、そんなことはありません。ここで挙げる投稿作りのポイントさえ押さえておけば大丈夫！

注目される投稿に必要な6つの要素

投稿に必要な要素は、以下の6つに集約されます。それぞれの意味や投稿例を紹介するので、最初はどれかひとつでも当てはまる投稿になっているかチェックしてみてください。コツをつかんで、複数の要素に当てはまる発信ができれば、たくさんの人に見てもらえる可能性もぐっと上がります！

①斬新さがある

斬新で手垢のついていない新鮮な話題は、誰でも知りたくなるものです。

「へぇ、知らなかった」「そうだったのか！」という意外性は、驚きと同時に見ている人に新たな発見をもたらす価値もあり。

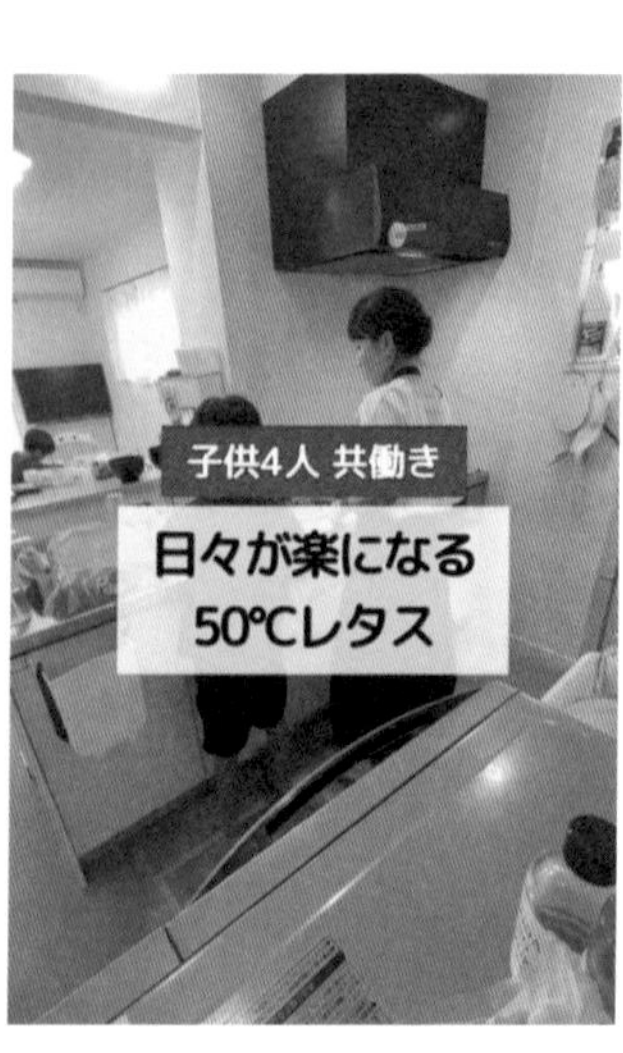

「レタスを50℃のお湯に7分ほどつけるだけで1週間シャキシャキ状態を保てる」という投稿。日々のごはん作りに悩んでいたり、より簡単に、楽にしたいと思っている主婦層のニーズに突き刺さった内容だったと思います。サラダを作る時に、毎回レタスをちぎって洗うという工程が地味に面倒臭いと感じて、「切った状態で冷蔵保存して、食べる時には、皿に盛り付けるだけの状態にしたい」というズボラ根性丸出しの施策でしたが、多くのフォロワーさんから「すぐやります！」「やってみたら、無茶苦茶ラクになった！」との声をいただきました。

②誰でも真似できる

例えば、家事で素晴らしい発見や画期的な方法を編み出しても、それが他の人にも同じように真似できる方法でなければ意味がありません。そして、できればなるべく簡単に。見てくれている人に、「私も真似したい！」と思ってもらえる再現性のある話には、みんな興味津々です。

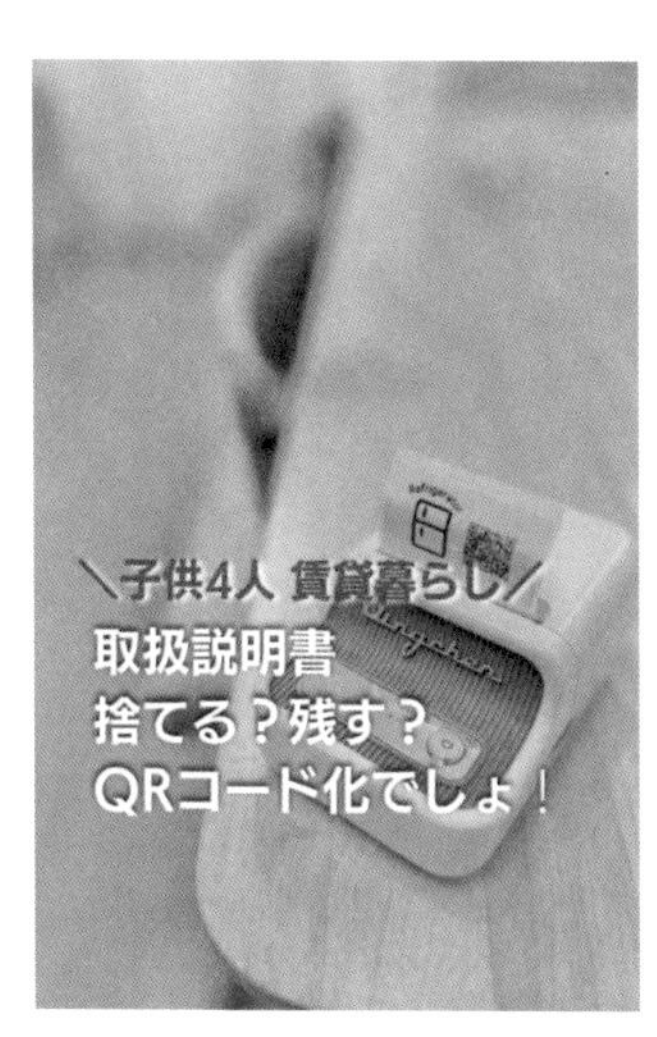

意外とかさばる取扱説明書を、捨てるか残すか考えあぐねている方は結構多かったみたいです。私も長年の課題でしたが、QRコードをシール化してその家電に直接貼る、またはその家電のすぐ近くに貼っておくことで、困った時はスマホでQRコードを読み込んで確認できる状態にしました。元々ネット検索派の人にも、「家電の機種をいちいち確認&入力する作業も時短できる」と好評でした。「真似したい！」という声をたくさんいただき、再生回数827万回超えのバズを起こした投稿です。

ママなら一度は絶対に感じたことがあるはず！と信じて、まさに共感を得たくて作った投稿。想像以上にコメント欄は共感の嵐で、「私だけじゃなかった！」「安心した！」などの声をたくさんいただきました。フォロワーさんと盛り上がって私も元気をもらえました！

③共感が持てる

本章でも触れましたが、インスタグラムはコミュニケーションツールです。

フォロワーさんたちと交流しながら育てていくメディアであり、投稿の内容に「共感してもらえるかどうか」が大事なポイントです。

特に女性は共感性が高いといわれているので、「すごくわかるー」「私もそう思う！」と思ってもらえる投稿なら、フォロワーさんとの距離も一層近くなって、もっとファンになってくれるはずです。

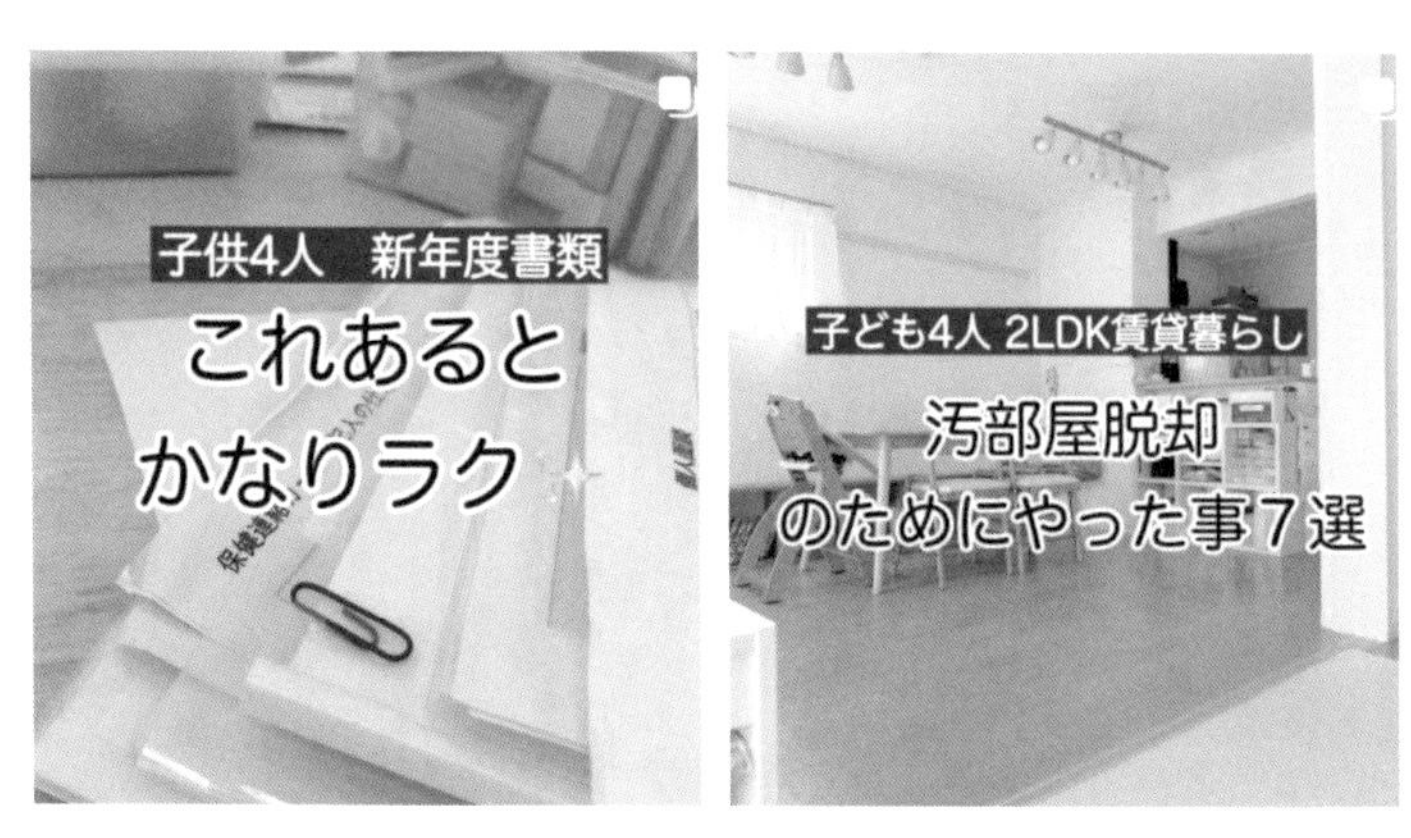

自分が不便に感じていて、やってみてよかった工夫を投稿にまとめました。やはり、同じところでつまずいたり悩んだりしている人がいたので、「ありがとう」の声も多数いただきました。

④役に立つ

これも随所で触れていますが、投稿は「見てくれる人の役に立つ」ことが大前提。

ただの報告や記録を投稿しても、フォロワー数は伸びません。

子育てがテーマなら、「時短家事」や「子どもにイライラしない方法」など、フォロワーさんのためになる情報は喜ばれること間違いなし。

左は、子どもが4人いても賃貸アパートに暮らし続ける我が家がやっている、子ども服の管理方法の投稿。「子どもが生まれたら一軒家、マイホーム」と思っている人にはそれだけでも衝撃でしょうし、スッキリ整った部屋の写真を使うことで「え、これ賃貸？え、本当に子ども4人もいるの？」と気になってもらえるようにしています。右は、元消費者金融からの借金持ちだった私が実践した赤字脱出法。タイトルに【借金100万円▶資産1000万円】という数字を入れることで、実績がある・権威性があることを示しています。

⑤得意を活かす

私もよく他のアカウントを見ていますが、「この人すごいっ！」と思う投稿には心惹かれます。

そういうさすがだな！と感心するようなちょっとした専門性を見せて、「この人についていきたい」と思ってもらうことでフォローしてくれる人もいます。

ただし、ただの自慢にならないように、あくまで見ている人の役に立つ情報であること。

自分が得意なことが活かせるのであれば、それをどんどん投稿で出していきましょう。

⑥統一感がある

ビジュアル重視のインスタグラムは、パッと見て「あの人だ！」とわかるデザインであることは、重要です。

全体のトーンはもちろん、写真や色使い、文字の書体やデザイン、文章の書き方など、「自分らしさ」のある投稿を目指しましょう。

投稿内容に合った写真をバックに、タイトルは黒字に白フチ、副題は白字に赤い帯をつけて統一感を出しています。

おまけ　たまには箸休めの遊び投稿も

ネタは「フォロワーさんの役に立つ情報」が大前提ですが、フォロワーさんが増えてくると、投稿の箸休めにちょっとした遊びの投稿を入れることもあります。

私のアカウントには、三男の妊娠中から見守ってくれているフォロワーさんが多くいます。

その三男は、冷蔵庫の中に入ろうとしてみたり、ごま油や米をぶちまけてくれたり……いろいろとやらかしてくれますが、怒りが湧いてくる前に、「やばい、これはネタになる」と思えば気持ちも鎮まり、「ネタを提供してくれた！」と思えばむしろありがたい？くらい。

その投稿を見たフォロワーさんも、「やってくれたねー」と交流ができて、いいことずくめです。

子どもたちとの写真やネタは、
成長を見守ってくれているフォロワーさんに好評です。

夫の話題も、フォロワーさんたちと盛り上がるネタのひとつ。

なごみー流
インスタ運用法
07

フィード投稿の基本はテンプレ化して時短&自分らしさを!

ここからは、実際の投稿の流れを紹介しますので、これを見ながらぜひやってみてください。

今、インスタグラムでは、ひとつのジャンルに特化していて、投稿写真に文字を載せた「文字入れ投稿」が主流です。私もこの形で投稿していて、フォロワー数も伸びやすいので、おすすめです。

投稿作りは、「どのような流れで見せるか」という基本的なフォーマットが決まっていれば、それほど時間はかかりません。

また、現在のインスタグラムではフィード投稿は10枚までアップできるようになっています。

前述の通り、**インスタグラムは滞在時間を伸ばしてくれるアカウントを優遇してくれて、**見ている方も役立つ情報は多い方が嬉しいので、これから始める人は、できれば多くの枚数でわかりやすい投稿作りに挑戦してみてください。

①1枚目▼表紙を作る

フィード投稿の最初の１ページ目に当たります。内容がぱっと一目でわかる表紙にしましょう。

プロフィールページにずらっと並ぶので、統一感を意識して作るのがポイントです。

この１ページ目は、「自分が作る雑誌の表紙と思え」といわれるほど大事で、この印象ひとつでアカウント自体のイメージも変わってきます。

ここには**投稿内容のタイトルと、投稿内容に合った写真を入れましょう。**

フィード投稿の表紙（1ページ目）。プロフィールページにサムネイルで並んで表示されるので、表紙の統一感は重要です。

② 2枚目▼導入文を作る

ここには、**この投稿をどんな理由で作ったのかを簡単に紹介します。** フォロワーさんからのお悩みや、多かった質問を載せる形でもOK。

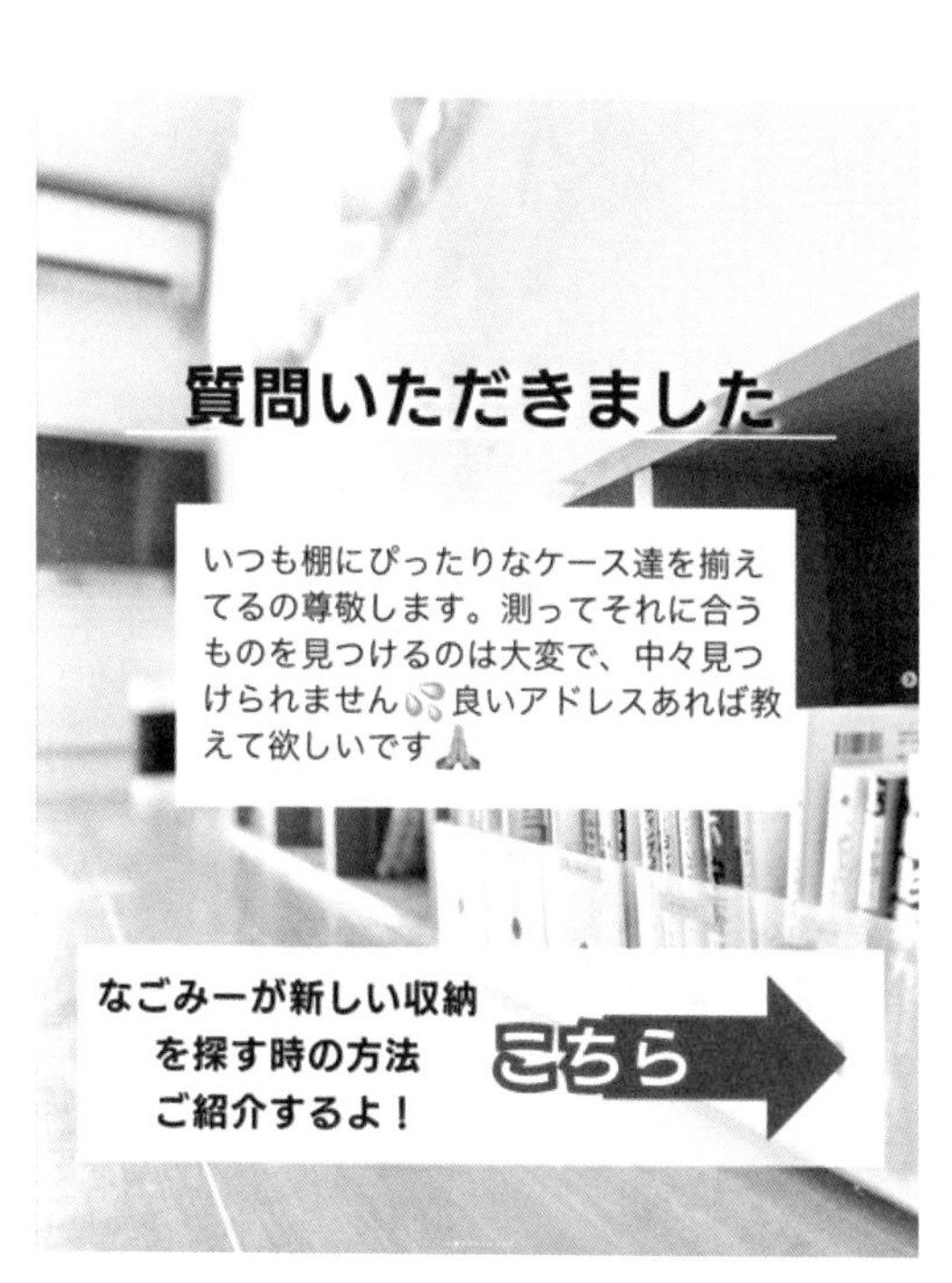

2ページ目には、「どうしてこの投稿を作ったのか」を示し、その答えのある次頁以降へと誘導します。

③ 3枚目▼結論や全体像

この投稿で紹介する**内容の目次や、最終的に何が言いたいのかを提示します。**

まず結論を出して、その後、個々の具体的な説明をしていくスタイルです。

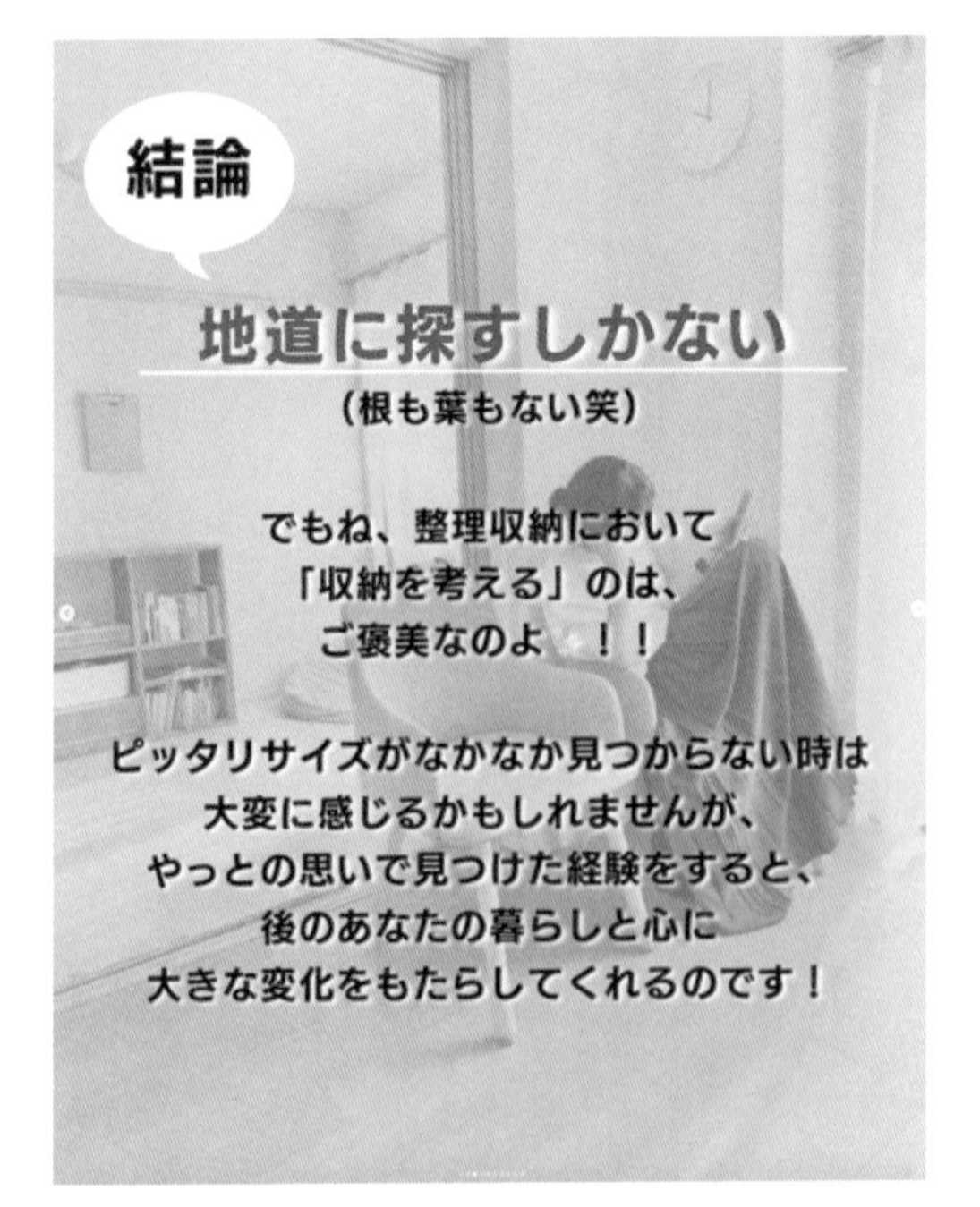

3枚目には、この投稿の結論を表示。PREP法の要領で、
先に大事なことを伝えておきます。

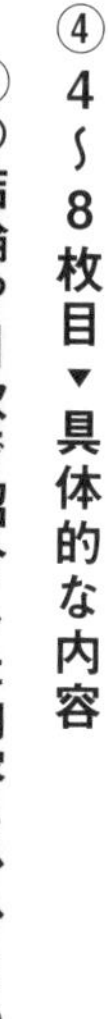

④ 4~8枚目▼具体的な内容

③の結論や目次で紹介した内容を、ひとつずつ詳細に解説します。

写真や図解、イラストなどを使って、視覚的にわかりやすく構成するのがポイントです。

4枚目以降は具体策を紹介。みんなが真似できる具体策があれば、問題解決につながります。

⑤ 9枚目▼まとめ

ページが足りない場合は省くこともありますが、ページがあれば**最後にもう一度、大事なことはまとめてダメ押しします。**

⑥ 10枚目▼サンクスページ

サンクスページとは、「ご覧いただきありがとうございます」という意味を込めたページです。

毎回決まった画像で、**最後まで見てもらったお礼の気持ちとともに、自分のアカウントの説明やフォローのお願いなど、自分らしさを出せる重要なページ**でもあります。

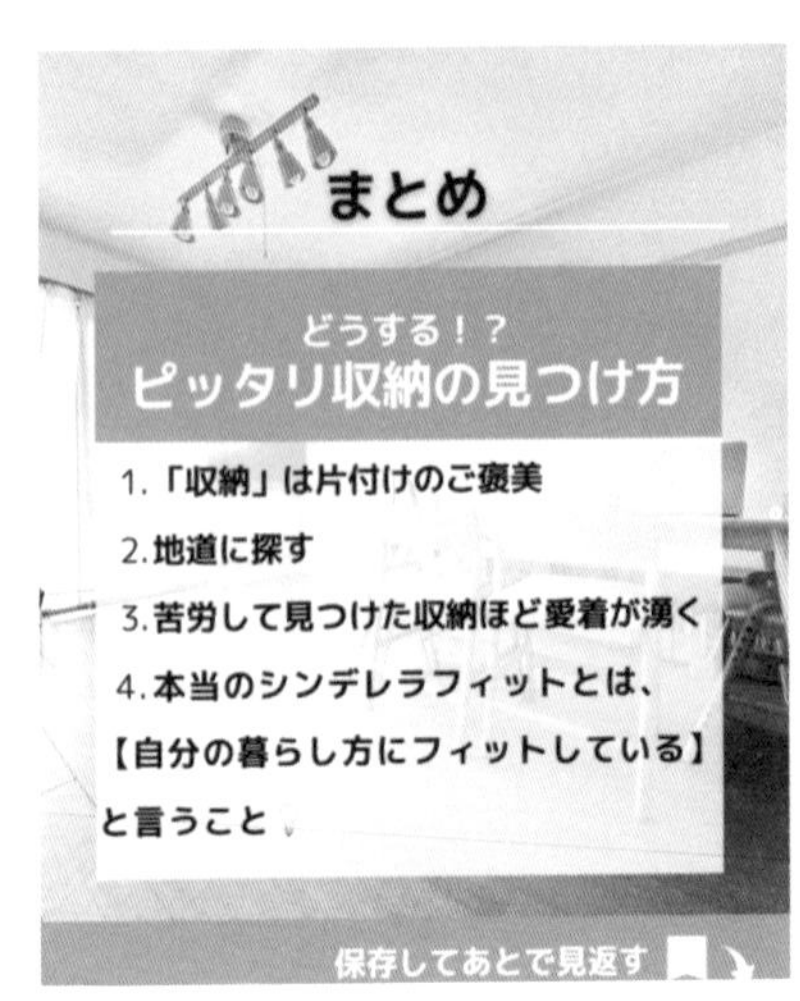

まとめのページ。大事なことは最後にもう一度強調。

こうやって投稿をパターン化すれば、簡単だし時間もかかりません。始めたばかりなら、もっとフォーマットを固定化して、写真と文字を入れ替えるだけ、という形でもOKです。

ただし、暮らし系のアカウントなら、写真は全ページ撮影することをおすすめします。写真が違えば見応えもあるし、何より説得力が増すからです。

インスタグラムはイメージが重要になってくるので、写真の与えるインパクトは大。全ページ撮影するのが難しければ、最初の1ページ目だけは必ず撮影しましょう。

サンクスページ。インスタグラマーの個性が出るページでもあります。

なごみー流
インスタ運用法
08

投稿作りの目安は30分～1時間
ルーティン化で
完璧より完了を目指す

「投稿作りって時間がかかりそう」と思われているようですが、慣れてくればそれほど時間はかかりません。

私の場合、ネタがあれば30分ほどで完了です。

もちろん、最初のうちは手探りだったのでずいぶん時間がかかっていましたが、フォーマットができてからは、そこに当てはめていけばいいだけなので簡単です。

慣れていなくても**最初から時間をかけすぎないように、ネタがある場合は30分～1時間ぐらいを目安に作ってみましょう。**

インスタグラムの投稿は「時間をかければいい」というわけではなく、大事なのは、「完璧主義より完了主義」。これは、Ｆａｃｅｂｏｏｋ創業者のマーク・ザッカーバーグの言葉だそうですが、インスタグラムの投稿もまさにコレ。

例えば、2、3日かけて「これは来る！」と思って投稿したのに、まったく反応がなかった、なんていうことはざらにあります。

逆に、本当に30分もかからずに作った投稿がバズったりすることも。

誤字脱字も、コメントで指摘があったら「ごめん、間違えちゃった」と答えるくらいの気持ちで取り組むのがちょうどいいんです。

その方が「親しみやすい人かも」と思ってもらえるし、また次の投稿でもみんなが誤字脱字や間違いを気軽にツッコミやすくなります。

勤めている人なら、通勤の電車の中で文章を作って、その日の夜に投稿する人もいるくらい、習慣化すれば案外さささっとできるようになります。

まずは投稿をルーティン化して、できるだけ自分の決めた時間の目安内で制作するように頑張ってみましょう。

なごみー流
インスタ運用法
09

文章は簡潔にわかりやすく

文字の色や大きさ、修飾で読みやすさを意識

せっかく作った投稿が、誰にも見てもらえないのはやっぱりつらい！
そんなことにならないように、文字入れ投稿を作る時に注意すべく、やってしまいがちなNG投稿を把握しておきましょう。

文章を書く際には「簡潔にわかりやすく」を意識して、アップ前には、読みにくい投稿になっていないかどうか、毎回チェックしてみてください。

投稿作りのNG行動

①文字だらけ

お部屋のレイアウトもインスタグラムも余白は大事。文字でぎちぎちに詰まった投稿は、それだけで見る気をなくしてしまいます。いろいろ詰め込みたい気持ちはわかりますが、**なるべく無駄な文章を削ぎ落とし、簡潔さを意識**しましょう。

②改行がない文章

改行がない文章は、見た瞬間に「ウッ……」と拒否反応を起こし、離脱されてしまいます。なるべく改行したり、1行空きを作ったりして、**パッと見てすぐに文章が理解できるような体裁**を心がけましょう。

③句読点や装飾がない

文章の意味がパッと伝わるように、文章の変わり目には句読点を入れましょう。

また、強調したい部分には【】をつけたり、太字にしたり、色を変えたりして、**読みやすさを意識**して。

④メリハリがないデザイン

同じ大きさの文字を並べるだけでは、何が大切なのかがわかりません。

投稿に文字を入れる場合には、「各ページにタイトルをつける」「解説はタイトルよりも小さくする」など、**文字の大きさにメリハリをつけましょう。**

⑤色を使いすぎる

あれもこれもと色を使いすぎると、かえって読みにくくなり、何が重要なのかもわからなくなってしまいます。

色を使う場合は、**1枚に3色以内**を目安にしましょう。

⑥読みにくいレイアウト

人の目線は「横書きの場合は左上からZ形に右下へ」「縦書きの場合は右上からN形に左下へ」と動きます。

この**目線の流れを意識したレイアウト**を考えれば、見る人もストレスがなく読み進められます。

なごみー流
インスタ運用法
10

ネタ切れはリメイクでカバー！ インプットした情報は自分ごとに落とし込む

日々の投稿を地道に続けて、ある程度の投稿数が溜まってくると、どこかのタイミングでネタ切れの壁が突如出現することがあります。

そんな時の対処法は「今までの投稿を違う形で見せる」こと。

無理に、毎回新しい情報を届け続ける必要はありません。

大事なことや、需要がある内容であれば、繰り返し伝えることも必要なのです。

ネタ切れになった時の対処法

①過去投稿をリメイク

過去に反響があった投稿を、現在版にリメイクするだけ。

リメイクのポイントは、「画像を変える」「言い回しを変える」「過去投稿を組み合わせたり、ふくらませたりする」こと。

反響があった投稿は、みんながもっとも知りたいと思う情報でもあるので、何度でも繰り返し提供することも大切です。

②より詳しく解説する

ひとつの投稿の中に「〇選」のようにいくつかまとめた内容があれば、それを一つひとつ分解します。

分解したそのひとつを、より深く解説して新たな投稿に作り直します。

まとめた内容の投稿

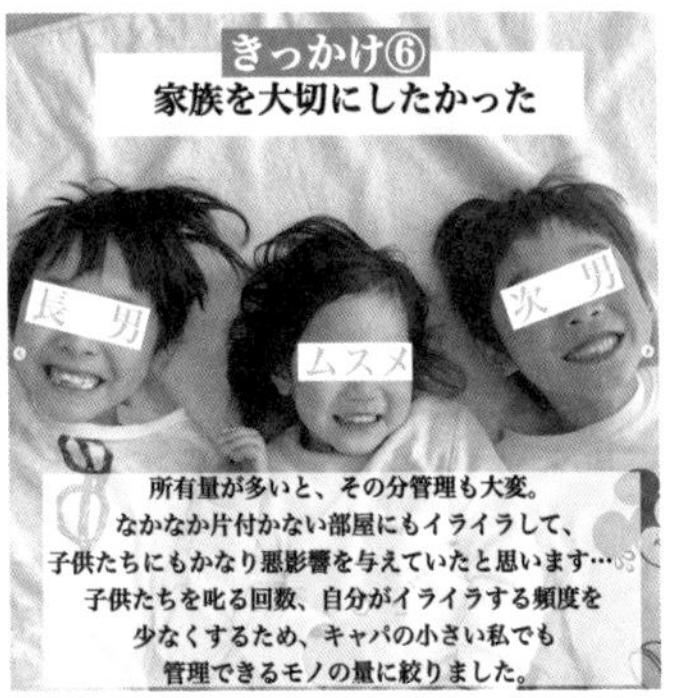

より深く解説

上の投稿「モノを手放せたきっかけ　6選」の中の「6番目のきっかけ」を、
より掘り下げてひとつの投稿にしたのが下の投稿。

③リールをフィード化する

リールで投稿したものをフィード化する、もしくは、フィード投稿したものをリール化して紹介すれば、新しい投稿のでき上がりです。見せ方が違えば、伝わり方も異なります。

そうやって**手を替え、品を替え、大事なことを伝えていくのも戦略のひとつ**です。

④リサーチやインプットをする

ネタ切れになるのは、インプット不足やリサーチ不足の可能性も。

そんな時は本を読んだり、ラジオを聴いたり、セミナーに参加してみたり

フィード版　　リール版

「シンク下収納」という同じネタを、フィード版（左）とリール版（右）で見せ方を変えて投稿。

して、新しいことをインプットしましょう。

本は、アカウントと同じジャンルのものだけでなく、いろいろなジャンルを読むことでアイデアがひらめいたり、おもしろいネタが生まれる可能性もあります。

例えば、私が以前読んだ、マーケティングだったかの本で、「単純接触効果」という心理的現象に興味を持ったことがありました。「毎日見ていると愛着や親近感が湧いてくる心理的効果」で、これを見て、三男の食べず嫌いに活用できないかと思いついたのです。

それまで三男はブロッコリーを食べなかったのですが、毎日必ずお皿のすみにのせておくようにしました。

しばらくすると気になってきたのか、「ちょっと食べてみよう」という気になったようで、それ以来、ブロッコリーを食べてくれるようになりました。

インスタライブで「子どもが野菜を全然食べないんですよ」と相談された時、そのことを話題にしたり、投稿にしたこともあります。

つまり、違う分野の知識でも自分の経験談に落とし込めば、何でも投稿のネタにできるのです。

「インプットした情報を、いかに自分ごとに落とし込むか」は常に考えておきましょう。

なごみー流
インスタ運用法
11

伸びない、と思ったら投稿内容をマイナーチェンジ！投稿の基本も再確認してリベンジを！

最初のうちは慣れないながらも、徐々にフォロワーさんが増えればどんどん楽しくなってきます。フォロワーさんが順調に増えていれば問題なし。

でも、「あれ、フォロワー数が全然伸びないな」と感じたら、きっと何かが違っています。そんな時はまず、投稿の内容を少しずつ変えてみましょう。

タイトルの付け方や文章の書き方、色、写真の撮り方など、**どこか1か所を少しだけ変えてみて、しばらく様子を見る**のがポイントです。

もし、タイトルの付け方を変えて伸びたのなら、それを変えて正解だったということです。そしてまた低迷したら、今度は色を変えてみたり。

そうやって改善を繰り返していくことで、より読者に刺さりやすいアカウントになってくるはず。悩んだ時は同じジャンルのアカウントを参考に、写真の撮り方や文字の入れ方を研究してみましょう。


また、内容のテコ入れ以外にも、慣れてくると見落としがちになる以下の投稿の基本を、もう一度確認しておきましょう。

フォロワー数が伸びないと思ったら……

①毎日投稿している？

特に**初めのうちは毎日投稿**するのがおすすめです。

それは、インスタグラムのアルゴリズムにジャンルを認識させるだけでなく、投稿の反応を見てデータを取るためにも必要だからです。

ただし、毎日投稿しても、「投稿内容が薄くなって誰の心にも刺さらない」という本末転倒な事態にならないように。

インスタグラムは投稿内容のクオリティが最優先。それが保てないのなら、1日おきにするなど、自分のペースで投稿サイクルを作りましょう。

②投稿時間は毎日同じ?

せっかく毎日投稿しても、投稿する時間がバラバラでは、フォロワーさんはいつ、あなたの投稿を見ればいいのかわかりません。

そこで、なるべく**投稿時間を決めておく**ことをおすすめします。

「毎日19時にインスタを見ると、更新されている」と思ってもらえれば、いつもその時間に見にきてくれるようになり、フォロワーさんの信頼がますます深まります。

また、同じように情報を求めている人も、投稿時間がわかることで決まった時間の閲覧が定着し、フォローしてくれる可能性もあります。

③体験談を盛り込んでいる?

読者の心に刺さるのは、あなたが実際に経験した体験談。

自分の言葉で語ることで情報の信ぴょう性や説得力も上がり、さらにあなたへの信頼にもつながってきます。

投稿内容に体験談や具体的なエピソードは不可欠だと覚えておきましょう。

④発信内容は統一されている？

毎日投稿の重圧？とネタ切れが重なってくるとやりがちなのが、発信する投稿が、ビジネス、掃除、美容などと、ジャンルに統一感がなくなってしまうこと。

最初の設計通りジャンルを絞って投稿することは、フォロワーさんにとっても今後の収益化にとってもとても大事なことです。

想定しているターゲット（フォロワーさんや過去の自分）のためにも、**「自分の投稿が必要としている人に向けられているかどうか」を常に意識**しておきましょう。

⑤結果を急ぎすぎていない？

新たなアカウントを立ち上げて、毎日投稿したとしても、軌道に乗るにはしばらく時間がかかります。フォロワーさんがついてくれるのはさらに後になります。

1～2か月程度の短いスパンで考えず、**最低半年は頑張ってみましょう。**

なごみー流
インスタ運用法
12

まずはフィード投稿で走り出せ！
慣れてきたら
ストーリーズやリールにも挑戦！

本書ではインスタグラムの基本であるフィード投稿を主に説明していますが、実際のところ、フォロワー数を増やすためにも、稼ぐためにも、ストーリーズやリールの活用は欠かせません。

ストーリーズは24時間で消えてしまうかわりに何枚でも投稿できるので、フィード投稿を補足したり、フォロワーさんからの質問箱やアンケートでコミュニケーションを取ったりすることもできます。

また、ストーリーズが常にアクティブ（新規投稿状態）になっているのが理想的で、アクティブになっていれば「いつも動いているアカウントだな」と認識してもらえます。

フィード投稿に慣れてきたら、ストーリーズも1日3枚程度を載せて閲覧数を上げる、というのもテクニックのひとつです。

リールは、新しいフォロワーさんを獲得したり、より広い層にリーチするためには必要不可欠です。

とはいえ、**最初からあれもこれもできないので、まずはフィード投稿に慣れてから、ストーリーズやリールの投稿も徐々に始めてみてください。**

リール投稿した動画は「TikTok」や「YouTubeショート」、「LINE VOOM」に転用できるというメリットもあります。

ちなみに私の場合、フィードもストーリーズもリールもネタを使い分けず、リールで使ったものをフィード投稿に使うこともあります。

慣れてくればそうやって同じネタの同時投稿や再利用もできるので、フィード投稿に余裕ができたらチャレンジしてみましょう。

まずは何より、楽しんでインスタグラムを続けるのが一番ですから。

ショート動画戦国時代を勝ち残れ!
なごみー流 リールの作り方

ここまでフィード投稿について説明してきましたが、
そうはいっても今や必要不可欠なリール!
ここでは概要をお伝えするので、投稿に慣れてきたら挑戦してみてください。

1 ネタ(投稿企画)を作る

ネタの作り方はフィード投稿と同様。構成(台本)の形にしておきます。

2 高画質で撮影する

編集する時に一番困るのが素材不足なので、ひとつのカットに対していろいろな画角から撮ること。例えば、「料理のシーン」で、冷蔵庫から食材を出すカットを撮る場合、①横からのカット ②真後ろからのカット ③斜め上からのカット ④開けた時の冷蔵庫の中からのカット など、最低でも3つの画角から撮ることを意識しましょう!

3 編集する

おすすめの無料動画編集アプリは、「VLLO」か「CapCut」。この時、最低限押さえておくべきポイントは3つ。

- 初めの3秒に命をかける!

昨今は、ショート動画戦国時代。まったく興味がそそられなければ、一瞬で次の動画にスクロールされてしまいます。大事なのは ①本当に?と思わせる意外性 ②全部見ないと損しそう!と思わせる損失回避性 ③全部見たい!と思わせる有益性や面白さ ④やってみたい!と思わせる再現性 ⑤私もそれに困っていた!と思わせる共感性 ⑥禁止や規制することで逆に興味を惹くこと。

- 1シーン1秒以内!

ショート動画を見ている層は飽きやすく、じっくり視聴してくれません。パッパッと次々シーンが変わるように編集して、飽きさせないのがポイントです。

- フルテロップ

ナレーションを入れる場合は、つないだ動画に合わせて台本を読み上げ、録音しますが、音声なしで見る人も多いようなので、説明のテロップは全部入れましょう。基本的にテンポが速く、何行も書いても読みきれないので、1行&1キーワードなど、短く簡潔に入れること。

4 投稿する

投稿する際、音源を選ぶポイントは2つ。
①自分の動画の雰囲気と合っている ②↗マーク(人気の楽曲)が付いているもの。

CHAPTER 5

リアルな自分で勝負!
ファン獲得への道

A SLOPPY MOTHER WHO EARNED
1 MILLION YEN A MONTH
BY WORKING FROM HOME

ファン獲得への道

01

フォロワー＝ファンではない！

次なるミッションは「コアなファン」を増やすこと

ここからは、地道な投稿を重ねて、ある程度フォロワーさんが増えてきたら考えるべき、フォロワーさんとの「関係性を築く方法」についてお話しします。

フォロワーさんの中には、発信される情報が欲しいから見てくれている人と、私や私のアカウントのことが好きで見てくれる「ファン」の人がいます。それはつまり、どんなにたくさんのフォロワーさんがいたとしても、そのすべてがファンではないということです。

濃いファンがどのくらいいるかが、アカウントにとってすごく重要なのです。

ファンがいることの強みはいくつもありますが、まず挙げられるのが、何より**「やっている自分が楽しい」**ということ。

ファンの人たちと、あーだこーだとコミュニケーションするのがとにかく楽しい。

CHAPTER4で触れた「共感性」ですね。

私が投稿を続けられるのもファンの人がいてくれるから。

支えられているからこそ、いつも、**「どうしたらみんなが楽しく、元気になれるのか」「何がみんなの役に立つのか」「みんなの背中を押してあげられることは何か」**を考えて発信**しています。**

インスタグラムで関係性を築くなら、フォロワーさんのための価値提供は絶対条件。

そして、ファンになってもらって、**この人なら、この人が言うなら、という信頼関係を築いていくこと**が、いざ商品をおすすめする段階になってとても大切になってきます。

そう、フォロワーさんをファンにすることこそが、次なるミッションなのです！

そのための具体的な方法を、ここからいくつか紹介していきます。

ファン獲得への道

02

コミュニケーションの場「ストーリーズ」でより深く理解し合う！

インスタグラムでは、フィードは一方向の発信の場、ストーリーズは相互コミュニケーションの場だと言われています。

今まで説明してきた**フィード投稿は、「フォロワーさんのための価値提供」が主な目的**でした。

一方で、フォロワーさんがインスタグラムの画面を開いた時、最初に見るのがストーリーズです。

ストーリーズは双方向のやり取りができて、情報もフォロワーさん寄りに発信しやすいこともあり、これを活用することで**より濃いファンになってもらえる**可能性があります。

私の投稿で一番反響があったのは、「子どもは18歳になったら家を出す」というものでした。賛否両論飛び交って、発信した私自身もびっくりするほど。

それまでも、「子育てに関する価値観」や「自分で考える力と自立」についていろいろと投稿していたのですが、その時も、みんなの意見に対して改めてストーリーズで自分の考えを伝えたり、それにまた反響があったりと、大いに盛り上がりました。

ストーリーズは**何枚でも載せられるので、その中で自分の価値観や、投稿で伝えきれなかった内容を補足することもできます。**

そうやって、より深く自分の価値観や考え方をわかってもらえれば、それに共感して、さらにファンになってくれるという好循環にも恵まれます。

また、フォロワーさんが楽しめるようなアンケートを載せたり、質問箱を載せたり、定期的に質問箱に来た質問に対して私の考え方や体験談を流したり、という使い方もできます。

商品のPRにしても、**私の体験談だけでなく、使ってくれたフォロワーさんの声や感想をストーリーズで流せば、説得力も爆上がりです。**

アカウントを始めたばかりの頃は難しいかもしれませんが、フィードとストーリーズを一緒に投稿するようになれば、よりコアなファンも増えてくるはず。

フィード投稿がある程度溜まってきたら、投稿の方は頻度を落として、ストーリーズだけを更新してフォロワーさんとつながる方法もあります。

実際、私のメインのアカウントは整理収納についてほとんど投稿し尽くしているので、今はストーリーズとライブがフォロワーさんとつながる主なツールになっています。

ストーリーズは24時間で消えてしまうので、常に稼働している状態を目指して頑張りましょう。

ストーリーズではこんなことをシェア！

お知らせ 新規投稿のシェア、ライブの告知など

プライベートネタ 遊びに行ったところ、自分や家族の近況、三男のやらかしなど

アンケート、質問箱 お悩みや質問募集、次の投稿何がいい？など

今関心があること、時事ネタ

今後のやりたいことや決意表明

行動を促す活入れ！

できなかった過去の自分のこと

自分にもできるかも！と可能性を感じてもらうため。

行動後の理想の未来

腰が重くてなかなか行動に移せないフォロワーさんに、行動するとどんなよい未来があるのか、行動しなかったら迎える可能性のある悪い未来を伝えるため。

うまくいったエピソード

行動に移してうまくいった！と報告してくれたフォロワーさんからのDMを紹介して、その人をムッチャクチャ褒めちぎる→自分も褒められたい！と思ったフォロワーさんがさらにDMをくれる好循環！

親近感湧くギャップ 共感を呼ぶリアル

子どもがいる時の しっちゃかめっちゃかな部屋

こんなになっても、整理収納で整えているからすぐに元に戻せることを伝え、過去の投稿を紹介。

やる気がない日の様子

フォロワーさんが共感や応援のDMをくれる。

実はめちゃくちゃ漫画や アニメが好きなことや おすすめ漫画紹介

漫画好きなフォロワーさんからもおすすめ漫画を教えてもらえたり！

ファン獲得への道
03

フォロワーさんはみんな友達！「ライブ」で自分の素を見せて壁をとっぱらう！

インスタグラムで直接フォロワーさんとお話しできるのが「ライブ」です。

フォロワーさんが少ないうちはそうそう視聴者が集まらないので、フォロワー数が1000人を超えたあたりから考えてみてはどうでしょう。

初めてライブを開催するなら、ストーリーズで「投稿で説明しきれないから、今度ライブで解説したいんだけど、どう？」とか、アンケートで、「ライブやって欲しい？」と聞いてみます。賛成多数なら少し前から予告して開催。という段階を踏めば、参加者が数人だけとか、コメントが全然こない、という悲惨な状況にもならずに安心です。

私がライブを始めたきっかけは、家計管理の投稿で、「家計簿の書き方がわからない」という質問が多かったから。

「だったら実践でやろう」というノリで開催したのが初めてのライブです。

そこから数か月に1回ぐらいの頻度で続けるうちに定期的にやるようになって、今は毎週火曜日に1時間程度のライブを開催しています。

定期的にやるようになったのは、何よりライブが楽しかったから。

フォロワーさんに、「私の笑い声で一緒に笑っちゃう」とか「めっちゃ元気になれます」と言ってもらえると、私も元気をもらえます。

それに、**「フォロワーさんはみんな友達」だと思っているので、友達の相談に乗りたい、友達が困っていることを一緒に悩みたい、解決したい。**

それがリアルなタイミングでできるのなら、やらない手はありません。

逆に、自分が苦手なことはフォロワーさんに聞いちゃいます。

例えば、私は料理が苦手なのですが、週1回の作り置きをしながらライブをする時、「このブロッコリーの切り方って合ってる？」と質問したら、料理が得意なフォロワーさんから回答がきたり。子育てに悩んでいるママさんからの質問で、私が経験したことがないなら、別のフォロワーさんにリアルな体験談を教えてもらえたり。

フォロワーさん同士でメンションし合って、コメント欄で盛り上がってくれる時も！

そうやって、**苦手なことや悩みを共有して一緒に解決したり、励まし合ったり。**私もフォロワーさんも、めちゃくちゃいいＳＮＳの使い方をしてると思いません？（笑）

以前は、「テーマを決め、先に質問を募集して、それに答えていく」というスタイルでしたが、最近は、リアルタイムでコメント欄にきた質問に答えています。

初めは緊張ＭＡＸで、終わった後は、「変なこと言わなかったかな」「不快にさせる発言はなかったかな」と恐る恐る振り返ってみたり。

今でも、話している時は頭をフル回転。言い回しにも気を配り、「ちょっと乱暴な言い方になるけれど」と前置きしたり、「絶対こうだ」とも言いません。あくまで**「私や我が家の場合は」「私の経験ではこうだった」と、自分の考えを伝えています。**


ライブは自宅でやっているので、たまにパルシステムが配達に来たりもしますが、そんな時も「ちょっとごめん」と言って離席します！　玄関先で配達の人と話している声もフォロワーさんに聞こえるので、「今日は恒例パルの日だ」と楽しんでくれたり（笑）。そうやって**ありのままを見せた方が、フォロワーさんとの垣根も取り払われます。**

ライブをきっかけに素が見えれば、「投稿だとおしゃれな感じだったけれど、本当はこんなおちゃめな人なんだ」と、好きになってもらえるきっかけになるかもしれません。

ライブはフォロワーさんとのつながりを実感できるし、自分の考えを文字数の制限なく話せるので、フォロワーさんが増えてきたらぜひやって欲しいです。

ただ、その時に気をつけたいのが**清潔感と笑顔**。やっぱり第一印象は大事ですから。

そして質問がきたら、真摯に答える。ポイントはこれだけ。

最初のうちは緊張してなかなかさっと言葉も出ないので、「こういう内容を話そう」「この質問にはこう答えよう」というメモ書きを作っておいた方が安心かもしれません。

そして、ライブをやるなら、**沈黙を怖がらないこと。わからないことはわからないと答えること**も大事です。これは普段のコミュニケーションと同じですね。

ファン獲得への道

04

DMやコメントの返信はマスト
フォロワーさんとの関係性は
ギャップで強まる！

ストーリーズの活用、ライブの開催以外にも、フォロワーさんと深いつながりを持つために1対1のやり取り、**DMやコメントの返信も大切**です。

先にも触れましたが、私のことをフォローしてDMやコメントをくれた人には、今でもほとんど返信しています。

「この投稿が参考になるかも」と過去の投稿を貼って送ったり、過去に書いていたブログ記事のURLを伝えたりすることもあります。

そもそも、「画面の向こう側にいる自分」を会ったことのない人たちに信用してもらうには、できる限り真摯に対応することが大事だと思うので。

フォロワーさんに、**普段のインスタグラマーではない「ギャップ」を見せるのも、さらなるファンになってもらうチャンス**です。

いつもはきれいな部屋を見せているのに、「長期休みに入ってから、ずっとこんな感じ」と乱雑に散らかったリアルな部屋を見せると、「すごく安心しました」「なごみーさんでもそうなるんですね」と、親しみを持ってもらえます。

逆に、「ちょっと今日はブラックなごみーで答えるよ」と前置きして、厳しい意見を言うこともあります。

そんないろいろな自分を知ってもらうことも、フォロワーさんとの関係性を強く保っていくためには必要なことかもしれません。

こうして、地道にフォロワーさんとのやり取りを重ねて関係性を築くことが楽しくて、今では私のライフワークになっています。

あれも、これもと気負わず、まずは自分のペースでできることを続けてみてください!

COLUMN 05

成長のヒントがいっぱい！
インサイト分析って何がわかるの？

効果的な投稿ができているか？　フォロワーさんに届いているか？

それらを確認するために必要なのが、インサイト分析です！

各投稿の「インサイトを見る」から確認できますが、私がチェックしているのは、主にこちら。

保存率

その投稿を見た人に
「どれだけ保存されたか」がわかる

・インサイトで見られる保存数÷リーチ数×100で導き出せます。
・保存率が高い→「何度も見たくなる」「後でじっくり見たいと思わせる」投稿（有益な情報）だったということ。この場合、似た内容の投稿を増やします。
・保存率が低い→何が原因だったのかを考えます。保存率は低いのに、いいね数やリーチ数が多かった場合も原因と分析を。

フォロワー転換率

プロフィールを見たユーザーに
「どれだけフォローされたか」がわかる

・インサイトで見られるプロフィールのアクティビティ欄のフォロー数÷プロフィールアクセス数×100で導き出せます。
・目標は2％前後。これより悪い場合は、「プロフィール文が悪い」「発信内容の統一感がない」など、「プロフィール画面まできたがフォローするメリットがない」と思われた可能性が高いので、要改善。

リーチ

その投稿が
「どれだけの人に届いたか」がわかる

ひとり1カウントで計上されるので、ひとりが何回見ても1カウントになります。

フォロワー閲覧率

その投稿が「どれだけのフォロワーさんに見られたか」がわかる

・インサイトで見られるリーチ欄のフォロワー数÷現在のフォロワー数×100で導き出せます。
・目標率は40％前後。既存フォロワーさんに求められる内容の投稿ができているかが特に重要です。
▶これより低い場合→「投稿の質が悪い」など、何かしらの原因があるので要改善。
▶これより高い場合→よくアカウントを見て反応してくれるアクティブなフォロワーさんが多いということ。「既存フォロワーさんからの反応が高い＝いいアカウント」とアルゴリズムに見なされて発見欄に載りやすくなります。

投稿分析のための記録は、投稿の1時間後→12時間後→24時間後→3日後→1週間後のタイミングで、スプレッドシートなどに数値を記録しておくといいですよ！

CHAPTER 6

選ばれる人になれ!

A SLOPPY MOTHER WHO EARNED
1 MILLION YEN A MONTH
BY WORKING FROM HOME

いざ！マネタイズ

01

選ばれるために フォロワーさんの信頼に値する 価値提供をGIVEしまくれ！

ここからは、どうしたらインスタグラムで収入を得られるようになるのかということをお伝えしていきます。

その鍵を握っているのが、あなたのアカウントの「価値提供」と「フォロワーさん」です。

そもそも、あなたのアカウントを見てフォロワーになってくれるのは、発信している情報に価値があると思ってくれているから。

フォロワーさんにとって有益な情報を発信し続けることで信頼関係はより密になって、最終的に「なごみーさんがいいと言うなら」「なごみーさんが使っているなら」と商品を買ってくれるようになるのです。

ここで**大切なのは、これまでにインスタグラムでフォロワーさんに信用してもらえるだけの「価値提供」ができているかどうかです。**

私は、自分が知っているすべての情報や経験談を全部公開しています。

それは、投稿の根底には、「昔の自分のように、今悩んでいるフォロワーさんのために、少しでも役に立てば」という想いがあるから。

同時に、「疑問や不安を解消して、一歩踏み出してもらうために、どうしたら背中を押してあげられるのか」を考えながらいつも投稿しています。

だからこそ、**フォロワーさんが信用してくれて、最終的に商品やサービスの購入につながってくる**のです。

それに、自分がいいと思った商品は、他の人にもおすすめしたくなるものです。

アフィリエイトの商品はただ闇雲に選んでいるわけではなく、**「自分のフォロワーさんに合うかどうか」が大前提**です。

加えて、**必ず自分で使ってみて、自信を持ってすすめられるものしか紹介しません。**

商品のリンクを貼る場合も、みんなが気になりそうなことを代わりに確認したり、使い勝手や手順も丁寧に解説したりします。

そうやって購入を迷っている人の疑問や不安を取り除いていれば、安心して購入してもらえますからね。

さらに、前章で説明したようにフォロワーさんがファンになってくれることで、本来ならアカウントとはあまり関係のないおすすめ商品も、ターゲット層さえ外れていなければ買ってもらえるようになっていきます。

インスタグラムで稼ぐことに後ろめたさを感じる人もいるようですが、そこで得た**報酬は、「フォロワーさんのためになる価値提供の対価」**だと考えてみてはどうでしょう。

それに、フォロワーさんが多くなってくると、アカウントが一大ファンサイトのようにもなって、「なごみーさんが使っているなら私も使いたい」と思ってくれる人も増えます。そう思ってくれる人たちがいるからこそ、私も「もっとフォロワーさんのために」「絶対に損はさせたくない」と思うのです。

この好循環こそ、インスタグラムで成功する鍵だと思っています。

これからアカウントを開設しようという人は、ぜひ、**「フォロワーさんの役に立つ価値のある情報を提供し続けることが、インスタグラムで稼ぐための至上命題」**だということを心に留めておきましょう。

「あなたから買いたい」と
選ばれるために

1

信頼関係を築く

普段の投稿や交流で
フォロワーさんからの信用を得る

2

ファンになってもらう

好きな人が持っているものや、
やっていることに興味が湧いてくる

3

選ばれる

「あなたがおすすめするなら」「あなたから買いたい」と選ばれる人になる！

いざ！マネタイズ

02

アカウントが育ったら
いざ、アフィリエイト開始！
収益化までの流れを知るべし

アフィリエイトは、企業に代わってその商品のよさをインスタグラムで伝え、ストーリーズに貼った広告リンク経由で商品やサービスが購入されると、売り上げの一部が報酬として還元される流れになります。

フォロワーさんに合った商品を探して貼ることができるし、好きな時に好きな件数できるなど、自分で調整しやすいのが特長です。

目安としては、フォロワー数千人から始められるので、「フォロワーさんが増えてきて、そろそろアフィリエイトを始めたい」となった時の手順を紹介していきます。

ASPに登録して商品を決める

①登録する

最初にやるべきことはASP（アフィリエイトサービスプロバイダー）への登録です。

ASPは、アフィリエイト広告を仲介する会社で、商品やサービスを宣伝したい人（アフィリエイター）と企業との橋渡しをする事業者です。

ASPに登録することで、アフィリエイトのリンクを発行できます。

登録する場合は、氏名・住所・電話番号・メールアドレス・収益の振込先口座などの個人情報の他、運用しているサイトの名前とURL、サイトのジャンルや概要、ところによっては希望する商品のジャンルなどが必要になります。

ASPによっては登録に審査があったり、審査に時間を要するところもあります。

②商品を探す

登録が済んだら、広告素材の一覧から紹介する商品の案件を探しましょう。

この時、案件ごとに「SNS OK」「YouTube NG」など、載せるメディアの条件があるので注意してください。ここでは「インスタグラム OK」の案件が対象になります。

案件によっては広告主の審査が必要な場合もあって、数日〜数週間かかることもあるので、早く始めたい人は審査のないものを選ぶといいでしょう。

また、案件ごとに報酬も異なりますが、初めから高額商品を紹介しても敬遠されるので、まずは「フォロワーさんに合うもの」「フォロワーさんの役に立ちそうなもの」で、自分も「これなら」と思うものから始めましょう。

③承認&リンク発行

紹介したい商品を選び、申請が承認されれば、リンクが発行されます。

いくつもあるASPに登録する場合、初心者なら、まずは**楽天アフィリエイト**と、**楽天ROOM**、登録時に少し審査が厳しいものの**Amazonアソシエイト**がおすすめです。

特に楽天ROOMは、楽天で買ったもの、自分が使っているものがすぐ出せるので、楽天ユーザーなら使いやすいでしょう。また、楽天ROOMはそれ自体もSNS色が

その他のおすすめASPサイト

- **A8.net**
  https://www.a8.net/
  日本最大級のアフィリエイトサイト。

- **もしもアフィリエイト**
  https://af.moshimo.com/
  広告報酬の他にアフィリエイトサイトからもボーナス報酬がもらえる。

- **バリューコマース**
  https://www.valuecommerce.ne.jp/
  国内初のアフィリエイトサイト。独占案件も多い。

- **afb**
  https://www.afi-b.com/
  美容系、健康食品ジャンルに強い。

あるので、ただ紹介するだけでなく、自分で撮った写真を載せたり、使ってみた感想を載せたりしていると、インスタで紹介しなくても楽天ＲＯＯＭをサーフィンしている人に商品が売れることもあります。

いずれにしても、登録したＡＳＰの商品リストの中で、フォロワーさんに合いそうなもので、最初は自分が買ってよかったものを紹介することから始めるとスムーズです。

商品を自分で使ってみる

「これは！」と思う商品があれば、それを実際に自分で使ってみましょう。商品をＰＲするには、まず**自分がその商品やサービスの一番のファンになることがポイント**です。

逆に、自分がそれほどいいと思っていないのに、「稼げるから」「単価が高いから」「売れるから」という理由だけで販売するのは、フォロワーさんの信用をなくすのでおすすめできません。

使用の過程を発信する

商品を使う様子や使い心地を、フォロワーさんとシェアしましょう。

美容アイテムなどは実際に数週間〜数か月間使ってみて、使用感や商品のよさが伝わる解説・写真、買いたいと思う人が気になりそうなことをどんどん発信していきます。

リンクを貼って販売する

フォロワーさんに「どんな商品なのか」が伝わってきた頃合いを見て、初めて購入先のリンクを貼ります。メリットやデメリットはもちろん、「この商品がないと訪れるかもしれない悪い未来」「あると手に入るよい未来」など、今までの実体験や投稿をまとめた上でリンクを貼れば、説得力も購買意欲も上がります。

また、投稿する際には、各ＡＳＰの規約に沿って投稿することが大切です。

いざ！マネタイズ

03

成功の要は売れる商品選び！一番の愛用者としてフォロワーさん視点で選ぶべし

アフィリエイトで成功できるかどうかは、**「何を売るか」にかかっています。**投稿数やフォロワーさんが少ないうちは、まずはアカウントに関連するものを売っていきましょう。

この時、**人気のある商品や本当におすすめできるもの**を選ぶことが大切です。人気のある商品かどうかは、ＡＳＰのサイトにあるランキングを見たり、インスタグラムでよく紹介されているかどうかでわかります。

また、前述のように、例えば楽天ROOMで自分が買ってよかったものを紹介するのでもいいし、Amazonアソシエイトや楽天アフィリエイトの商品で、自分で試してよかったものでもいいと思います。

もともと自分が使っていたものなら、リサーチせずに紹介することもできます。

例えばクレジットカードの場合、楽天カードを持っていれば、「楽天のクレジットカードに集約するだけでこんなにポイントが貯まった」というデータや自分の実績をスクショで残しておけば、それが投稿にも使えます。

ただ、その大前提として、**「フォロワーさんに合うかどうか」「フォロワーさんに喜ばれるかどうか」の視点は必ず持っておきましょう。**

そして、フォロワー数が増えて**ファンになってもらえれば、自分に落とし込めるものはある意味、何でも買ってもらえるようになります。**

だからこそ、自分が使っておすすめできるもの、フォロワーさんに合ったものの見極めは絶対に必要です。

売れる商品選び

1

フォロワーさんに合う商品

ターゲットに合っている、
喜んでもらえそう

2

人気がある、おすすめできる商品

- ASPのランキング上位
- よく紹介されている
- 自分で試してよかった
- もともと使っていた

ジャンルに関連する商品→あらゆる商品

ファン化が進むと自分に
関連するあらゆるものに

ちなみに、アフィリエイトの売り上げは商品のアフィリエイト単価にもよりますが、季節のイベントごとにも大きく左右されます。

中でも12月はクリスマス、お歳暮、ボーナスなどの関係でものが売れる時期でもあり、商品のキャンペーンも多いので、インスタグラマーさんはみんな大フィーバーで大忙し。

暮らし系なら、年に4回の楽天スーパーSALE時も多忙です。

そのため、インスタグラムで稼ぐ場合は1か月ごとの収益で一喜一憂せず、年単位で考えた方がよさそうです。

いざ！マネタイズ

04

情報をシェアして購入を後押し！アンケートや質問箱で集めたみんなの声は信ぴょう性の裏付けに

マネタイズの最終関門、アフィリエイト商品のPRは、インスタグラマーの腕の見せ所でもあります。

商品のよさをどれだけわかりやすく、丁寧に伝えることができるかが、売れ行きに直結します。

紹介前の事前準備

アフィリエイトで商品を買ってもらうポイントは、いかに「自分ごととして落とし込むか」ということです。

ただ「この商品がいい」というだけでは絶対に売れません。

時間をかけて「商品のよさ」を浸透させていき、フォロワーさんが購入しようと思うきっかけを作る過程が大切です。**すぐに結果が出ないものは、定期的に経過報告**を投稿しましょう。

合わせて、商品を売るための下地やストーリーを作っておくことも大切です。

例えば、紹介したい商品を使ったことのあるフォロワーさんのクチコミや、商品に関連する悩みに共感してくれるフォロワーさんの声を、アンケートや質問箱で集めるのもおすすめ。ここで集めた「みんなの声」はリアルな意見としてスクショして残しておきましょう。

リンクを載せる時やキャンペーン時だけでなく、普段の写真にアフィリエイト商品をチラ見せするなど、実際の「愛用感」を伝える投稿もちょこちょこしておくとよりGOOD！

ストーリーズで紹介

アフィリエイト商品を紹介するストーリーズを作成して、発信していきます（※）。この時、次のような流れで紹介します。

※ストーリーズの投稿時には「PR」の表記と、「タイアップ投稿ラベル」の使用が必要となります。

①悩みの共有

自分の悩みや困っていることをフォロワーさんと共有することで、同じ悩みを抱えているフォロワーさんの共感を得たり、事前に聞いたお悩みから、「悩んでいる人が多い」と知ってもらうことで、商品を買ってもらいやすくなる土壌を作ります。

②商品紹介

①でみんなも同じことで悩んでいることがわかったところで、「悩みを解消するにはこれがおすすめ」と商品を紹介します。

ずっと愛用しているなら、過去のストーリーズのスクショを載せたり、実際に自分で注文しているのがわかるような、注文履歴の画面を載せるなど、「本当に使っているんだ」ということがわかるものを見せるのも、信用してもらうためには大切です。

③クチコミ紹介

すでに使っている人のクチコミがあれば、ここで紹介します。

④リンクを貼る

商品の使い心地や効果、合わなかった、よくなかった点も含めたレポートとともに、リンクを貼ります。キャンペーンなどのお得情報があれば一緒にお知らせします。

⑤質問箱設置

他にも、フォロワーさんから新たに商品のクチコミを集めたり、質問を募ってシェアすることで、商品のよさをアピールします。

①悩みの共有

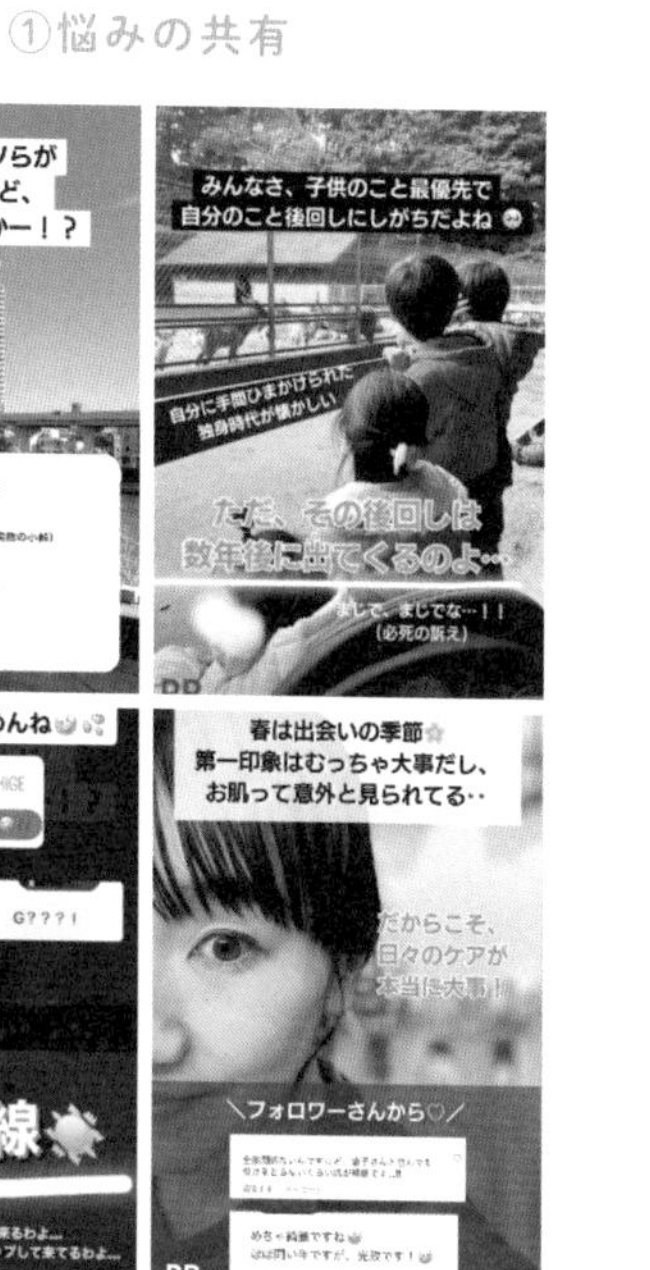

②商品紹介

③クチコミ紹介

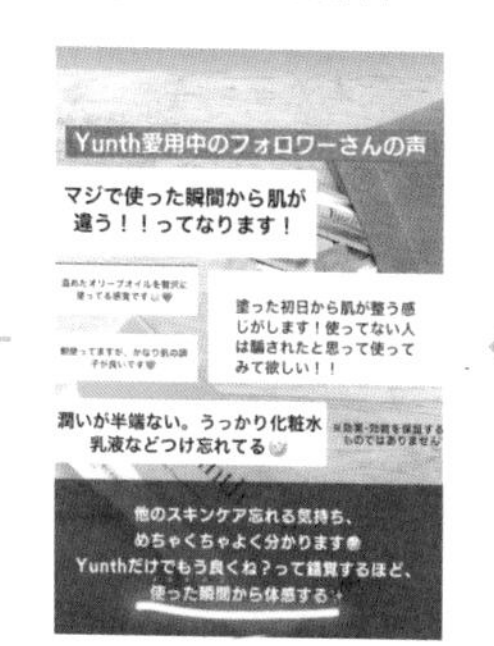

具体的には美白美容液を紹介する場合、初めに「最近、紫外線が強いよね？」という呼びかけのあと、「私はシミを量産したことがあるんだけど、みんなはどんなお肌の悩みがある？」というアンケートを取ります。

「シミ」「くすみ」「シワ」など、フォロワーさんから声が上がってきたら、そのアンケート結果をスクショなどで紹介（①）。

さらに、「私もずっとシミで悩んでいたけれど、だいぶきれいになったと思わない？」「実はこの美容液を使い始めた」と商品を紹介します（②）。

合わせて、事前に使ったことのあるフォロワーさんのクチコミがあれば紹介します（③）。

④リンクを貼る
（キャンペーンがあれば
先に情報を共有する）

⑤質問箱設置

しばらく使ってみた結果を報告するレポートとともに、「同じ商品がここで買える」というように、初めて商品のリンクを貼ります（④）。

そうしたプロセスを踏めば、今まで投稿を見ていた人にも自然に受け止めてもらえるし、商品を購入するというアクションを起こす決断のハードルを下げることもできます。

ちなみに、「脱毛サロンが50円で体験できる」というサービスを紹介した時も、実際に自分で体験してきました。

そこで50円を払った領収書を載せたら、「本当に50円で行けるんだ」と、結構な反響がありました。**エビデンスがあれば、説得力もありますね。**

クライアント側の担当さんにも「あの投稿、すごくよかったです」と喜ばれました。

ハイライトに載せる

気に入った商品は何度でも紹介できますが、ストーリーズは24時間で消えてしまうので、よく売れる商品はハイライトに載せておきましょう。

プロフィール下の目につくところにストーリーズで流した画像を置いておけば、**知らないうちに売り上げを上げてくれることもあります。**

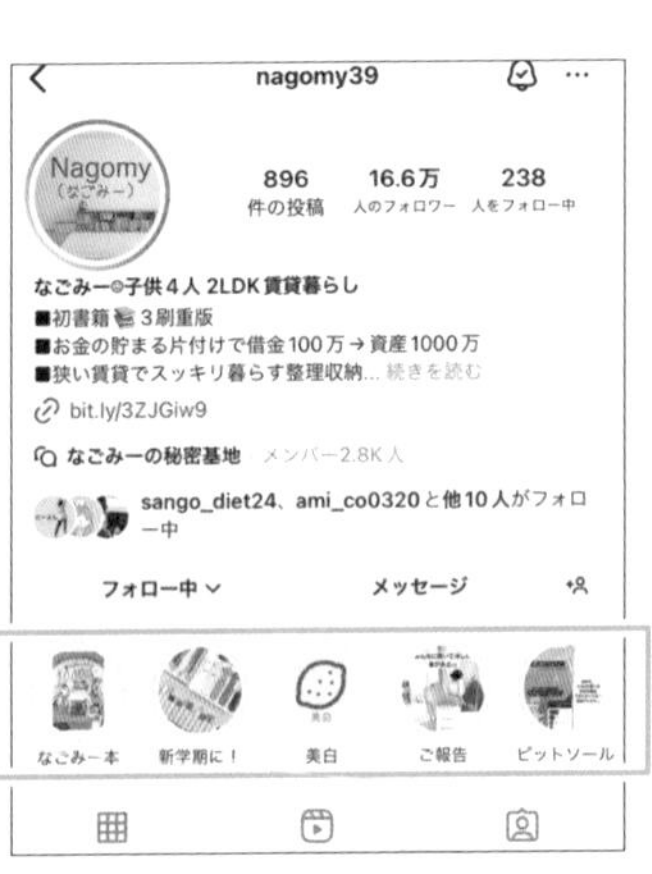

ハイライトのアイコン。ストーリーズでフォロワーさんに好評だった商品はこちらに移動。

フィードとのセットで紹介

アフィリエイトはストーリーズだけでやる人が多いのですが、私はフィードとストーリーズの両方でやっています。

私のアカウントは整理収納なので、美容系の商品を売る場合、フィード投稿に違和感がありそうだったので、ストーリーズだけでやったこともありました。でも、それほど売れません。

そこで、今度は**フィード投稿でも触れたら、売り上げがバンッと上がりました。**

多くの人にリーチするのはストーリーズよりフィードやリールなので、ストーリーズとフィードのセットでアプローチするのも効果的だと思います。

なごみー流アフィリエイト投稿のルール

商品紹介やＰＲの方法は人それぞれですが、私の場合、**「同じ商品をＰＲするのは月に2〜3回まで」**と決めています。

ただ闇雲に載せると、せっかく見てくれた人に、「ＰＲばかり」という印象を与えかねないからです。

また、これは当然のことですが、他の人を落とすような投稿はしません。

ごくたまに、同じ商品を扱っている人が、自分のアカウントで売るために「○○よりこっちの方が安い」などと投稿しているケースもありますが、それはやっちゃダメ。

また、「○日の○時から販売」と情報公開日が設定されているにもかかわらず、それより前に投稿してしまうような情報の先出しも御法度です。

ビジネスマナーや決められたルールは必ず守りましょう。

私もそうですが、早く収入を伸ばしたくて、小手先の対策に走りがちになることがあります。

かつての私は、何も考えずにリンクをベタベタ貼っていたこともありました。

アフィリエイトに関しては、**そこにフォロワーさん視点と自分の中への落とし込みがなければ、「数撃ちゃ当たる」は通用しないのです。**

結局、アフィリエイトでも大切なのは、「フォロワーさんにどうなって欲しいか」「どのステージまで進んで欲しいか」という視点。

それを考えれば、自分の発信内容がブレることも、何の脈絡もない商品を無闇にペタペタ貼ることもありません。

アフィリエイトが伸びないな、と思ったら、ぜひそのことをもう一度思い出してみてください。

そうすればきっと解決策が見つかるはずです。

いざ！マネタイズ

05

楽しんでやるのが続けるコツ 壁にぶつかったら

トライアンドエラーで乗り切れ！

せっかくアフィリエイトを始めたものの、すべて順調にことが運ぶとは限りません。

むしろ、とんとん拍子にいく方が稀でしょう。

思ったように稼げない、といった障害にぶつかることがあるかもしれません。

そんな時は、最初に立てた目標を見直して、何のためのアカウントなのかをもう一度思い返してみてください。


投稿に慣れてくるうちに、最初の目的がブレてしまうことがよくあります。

そんな時こそ、

「自分の投稿は、どんな人に届けたいのか」

「自分のやりたいことは何だったのか」

と、当初の目的を再確認しましょう。

そして本書を参考に改善策を探し、**トライアンドエラーを繰り返して**続けましょう。

試行錯誤しながらやるべきことをやっていけば、きっと道は拓けます。


そもそも簡単に稼げるなら、アフィリエイトをやっている人はみんな大金持ちです。

それよりも、今のアカウントでフォローしてくれた人たちを大切にして、「どうやったらみんなで幸せになれるか」を考えていきましょう。


アフィリエイトも投稿と同じで、**何よりも続けること、そして、いいものをみんなで共有したいという気持ちで「いつも楽しんでやる」ことがもっとも大切**だということを忘れずにいてください。

いざ！マネタイズ

06

インフルエンサーとして目標を達成した今は次なる野望にロックオン！

インスタグラマーとして活動を始め、フォロワーさんが増えていけば、その先には**「インフルエンサー」と呼ばれる未来が待っているかも**しれません。

一般的にフォロワー数10万人以上が目安と言われるインフルエンサーになれば、そこから得られるものは収入だけではありません。

今まで投稿してきた記事や動画のコンテンツ販売をはじめ、インスタグラムで紹介してきたイラストやクラフトなどのオリジナル商品、運用スキルやノウハウで収入を得ることもできます。

また、SNSのプロフェッショナルとして、運用代行やコンサルタントという道もあるでしょう。

ステップアップに伴い、いろいろなメディアから声がかかることもあります。

私も3年前、無茶な目標を立てて試行錯誤しながらも、それらをすべて実現することができました。お恥ずかしながら、今ではインフルエンサーなんて呼ばれることも。

念願だった本が出版でき、さらに月収100万円を達成できたのもその恩恵です。しかもこうやって2冊目の本書を出す機会まで（嬉し泣き、歓喜）。

他にも、講演の依頼や、ちょいちょいテレビ番組から声がかかったり、「部屋を取材したい」と、暮らし系の雑誌に掲載されたり、Webニュースの取材を受けたり。

こちらからアプローチすることはできませんが、他の媒体に出たりすることで自分のインスタグラムが再び注目されるきっかけにもなりました。

今、**インスタグラムの恩恵をひしひしと感じています。**

インスタグラムを通して、フォロワーさんの役に立てたこと、自分のレベルが上がったことが自信になって、今は次のステップに向かって動き始めています。**主婦が家事も育児もやりながら、外で働くことが大変なのは身をもってわかっている**ので、だったら今度は「在宅で稼げる方法」で、また困っているフォロワーさんたちの力になれるのではと、「なごみー｜在宅ワーママに導くインスタコーチ」という新たなアカウントも立ち上げました。

私が今まで手探りで何年もかけてやってきて、「絶対これで売れる」というノウハウもわかったので、稼げるインフルエンサーを育てるためのアカウントです。

実際100万円を稼いでいる人とのつながりや、直接アドバイスのできる機会、横のつながりを提供できるサロンの準備も進めています。すでに何名か受講を開始している方もいらっしゃって、「この方々を何が何でも在宅ワーカーとして自立させる！」とやる気に満ちています！

今は、在宅で稼ぐための情報も、便利な道具もたくさんそろっています。あとはやるかやらないか、それだけです！　みなさんもぜひ、本書をきっかけに最初の一歩を踏み出してください。インスタグラムで稼ぐあなたの未来を心から応援しています。

おわりに

本書を最後までお読みいただきありがとうございます。

これからの時代、ますますひとつの収入源に頼ることはリスクでしかなくなるでしょう。上がらないお給料、上がり続ける物価に税金、止まらない少子高齢化、足りない老後資金……。将来が心配になるニュースばかりが目について、不安ばかりが煽られてしまいますよね。

とはいえ、ただ嘆いているだけでお金が増えたら苦労はしません。やはり何かしらの対策は必要で、そのひとつに在宅でのお仕事を検討する人も増えてきました。

この本を手に取ってくださった方の中には、もうすでにSNS起業やアフィリエイトに挑戦してきたものの思うような成果につながらず、悩んでいる方も多いのではないでしょうか？

「すでにSNS発信者は飽和状態だから、今から始めても稼げるわけがない」

そんなふうに感じている人もいるかもしれませんね。

それでも**言えることはただひとつ。遅すぎることはありません！**

私がインスタグラムを始めた4年前でさえ、「もうインスタはオワコン」「アフィリエイトでは稼げない」と言われていましたが、まだまだ市場規模は広がり続けています。

正しい方法で継続できれば、今は伸び悩んでいようとも、必ず成果につながる日はやってくると断言できます。

本書で紹介したテクは、どれも基礎的かつ本質的なものばかりです。

結局、**誰もやりたがらない泥臭い作業を愚直にやり切れる人だけが成果を出せるし、逆に言えば、その泥臭い作業さえやり切れば成果は出せる**のです！

スキルも知識も何もない私が唯一差し出せるものが、この「泥臭さ」だけでした。それでもここまで走ってこられました。

インスタグラムを始め、ＳＮＳには無限の可能性があります。本書があなたの成功への第一歩をお手伝いできれば幸いです。

最後になりましたが、インスタグラムやブログを通して私とつながってくださったみなさま、私の想いを汲んで本書出版へとつなげてくださったみなさま、そして、私のパワーの源の家族に感謝を込めて。

いつも本当にありがとうございます！

なごみー

3男1女、4児の母。整理収納アドバイザー1級。
6人家族、56平米賃貸暮らし。楽しい節約生活、暮らしの工夫をSNSで発信中の蓄財系整理収納アドバイザー。元借金あり、汚部屋で暮らすポンコツ主婦から一念発起して、子どもたちの教育費4000万円を貯めることを目標に、家庭内のすべてを見直したことで、何もかもがうまく回るように。ズボラ主婦ならではのハードルは低く、かつ効果抜群なお金が貯まる・暮らしが回る生活のテクニックがメディアで話題に。初の著書『ポンコツ4児母ちゃん、家を片付けたら1000万円貯まった！』（小社刊）は発売後即重版が決定。

Instagram @nagomy39
@nagomy_sns

ポンコツ4児母（じかあ）ちゃん、
在宅（ざいたく）で働（はたら）いたら月収（げっしゅう）100万円（まんえん）になった！

2024年 7月2日　初版発行

著者　なごみー
発行者　山下 直久
発行　株式会社KADOKAWA
〒102-8177　東京都千代田区富士見2-13-3
電話 0570-002-301（ナビダイヤル）
印刷所　大日本印刷株式会社
製本所　大日本印刷株式会社

●お問い合わせ
https://www.kadokawa.co.jp/（「お問い合わせ」へお進みください）
※内容によっては、お答えできない場合があります。
※サポートは日本国内のみとさせていただきます。
※Japanese text only

定価はカバーに表示してあります。

ISBN 978-4-04-606932-0　C0077